BREVE HISTÓRIA DA CIÊNCIA MODERNA

VOLUME 2

DAS MÁQUINAS DO MUNDO AO UNIVERSO-MÁQUINA

Marco Braga
Andreia Guerra
José Claudio Reis

Breve História da Ciência Moderna

Volume 2
Das Máquinas do Mundo ao Universo-Máquina

3ª edição

ZAHAR

Jorge Zahar Editor Ltda.
rua Marquês de S. Vicente 99 – 1º | 22451-041 Rio de Janeiro, RJ
tel (21) 2529-4750 | fax (21) 2529-4787
editora@zahar.com.br | www.zahar.com.br

Grafia atualizada respeitando o novo Acordo Ortográfico
da Língua Portuguesa

Edições anteriores: 2004, 2008

Projeto gráfico e composição: Victoria Rabello
Capa: Sérgio Campante

CIP-Brasil. Catalogação na fonte
Sindicato Nacional dos Editores de Livros, RJ

Braga, Marco
B794b Breve história da ciência moderna, volume 2 : das máquinas do
3.ed mundo ao universo-máquina / Marco Braga, Andreia Guerra, José
v.2 Claudio Reis. – 3.ed. – Rio de Janeiro: Zahar, 2010.
il.

Inclui bibliografia
ISBN 978-85-7110-781-6

1. Ciência – Filosofia. 2. Ciência – História. I. Guerra, Andreia. II. Reis, José Claudio. III. Título. IV. Título: Das máquinas do mundo ao universo-máquina.

CDD: 501
10-1534 CDU: 50

SUMÁRIO

✧ ✧ ✧

APRESENTAÇÃO

✧ ✧ ✧

Nosso interesse pela história e filosofia da ciência surgiu ainda na universidade. Fomos apresentados a alguns textos por professores que começavam a estudar o assunto, e essas leituras nos revelaram uma realidade bem diferente daquela com que estávamos lidando nos livros didáticos. O fato aguçou-nos a curiosidade e, assim, ao concluirmos o curso de graduação em física na Universidade Federal do Rio de Janeiro, tínhamos o objetivo claro de continuar a aprofundar aqueles estudos preliminares. Decidimos formar um grupo que, nos primeiros anos, abrigou-se na universidade, como parte de uma área de pesquisa em ensino. Após esse tempo de incubação, partimos para alçar voo próprio.

Foi assim que em 1993 surgiu o Teknê. O nome escolhido vem da palavra grega *techné*, que significa "arte", "fabricação". Inspirado nos velhos ateliês do Renascimento, em que vários artesãos mesclavam ciência, técnica e arte num mesmo trabalho, nosso grupo tinha por objetivo compreender e difundir o conhecimento científico de forma interdisciplinar.

O primeiro contato que um jovem tem com a ciência – em alguns casos, o único – ocorre invariavelmente por meio dos livros didáticos. Esses manuais apresentam apenas uma dimensão do trabalho científico, seu aspecto técnico de solução de problemas. Nada se discute sobre as grandes indagações acerca do Universo ou os debates que possibilitaram a construção das teorias. Ao término de alguns anos de estudo, o que resta é uma visão muito limitada da ciência. Pretendíamos portanto resgatar uma dimensão esquecida, ao desenvolver um trabalho que nos permitisse apresentar um novo olhar sobre a ciência – em que ela pudesse ser percebida como parte de um processo maior de reflexão do homem sobre o mundo e a natureza.

Nesse sentido, percebíamos que seria necessário avançar para além das fronteiras do conhecimento que comumente se chama científico. Os homens da ciência, ao construírem teorias e modelos explicativos para os fenômenos da natureza, dialogam com outros homens que exercem atividades aparentemente distantes da científica, como teólogos, artistas plásticos, músicos ou poetas. Seria preciso navegar também nessas áreas para encontrar caminhos em que pudéssemos transitar mais amplamente.

Durante o desenvolvimento de trabalhos de investigação, já na pós-graduação, começamos a elaborar um projeto educacional que procurasse introduzir essa visão do fazer científico no ensino, por meio do estudo de momentos históricos selecionados, e permitisse a compreensão dos debates que fornecem sustentação ao surgimento das grandes teorias. O primeiro passo foi a produção de textos para alunos de ensino médio. Mais tarde passamos a ministrar cursos de formação de professores. Neles procurávamos percorrer a história da ciência moderna utilizando diversas mídias, como imagens, música, textos etc.

Esses cursos tiveram grande sucesso e demonstraram existir uma demanda pelo conhecimento da história da ciência. Num primeiro momento o interesse ficou restrito aos professores das áreas científicas. Mais tarde, a partir de comentários trocados nas escolas, começaram a surgir também professores de história, filosofia, literatura e artes. Todos desejavam compreender e discutir o papel da ciência ao longo da história e como suas respectivas disciplinas se relacionavam com ela e se ressentiam da compartimentalização do saber. Ao final desses cursos, sempre nos cobravam a versão escrita daquilo que havíamos apresentado.

Com a presente série sobre história da ciência desejamos preencher essa lacuna. Gostaríamos, contudo, de criar também um diálogo com um público mais amplo, de alunos de ensino médio a profissionais de diversas áreas que tenham interesse pela ciência. Nosso intuito é envolver todos aqueles que queiram conhecer, ainda que de forma introdutória, alguns dos fios tecidos no passado e com os quais ainda nos emaranhamos no mundo moderno. Queremos que a ciência deixe de ser objeto de culto para se tornar motivo de debate, reencontrando assim seu verdadeiro papel.

Grupo Teknê

INTRODUÇÃO

✧ ✧ ✧

Durante o período compreendido pelos séculos XV, XVI e XVII, a Europa passou por uma transformação sem precedentes em sua história. As estruturas de produção e troca mudaram radicalmente, num processo que se convencionou chamar de revolução comercial. Nas artes, o Renascimento italiano alterou por completo as formas de representação do espaço. O poder espiritual da Igreja, que já vinha sendo questionado por diversos movimentos "heréticos" do medievo, deparou com uma nova concepção de cristianismo após a Reforma protestante. Seu poder político também se viu ameaçado de diversas maneiras pelos emergentes Estados nacionais que estavam então se constituindo. O absolutismo consolidou-se, fazendo dos reis o centro da política, em torno da qual orbitavam os outros setores da vida social.

O domínio econômico das cidades passou a ser exercido por comerciantes, artesãos e banqueiros, que expandiram seu poder sobre as novas instituições do Estado, emergindo daí uma nova classe, a burguesia. Por fim, a conquista de novas terras a ocidente e oriente ampliou a extensão territorial dos poderes europeus e trouxe para o continente informações sobre povos, culturas, animais e plantas totalmente desconhecidos até aquela época.

No campo filosófico, o interesse pela teologia perdeu paulatinamente terreno para os estudos de filosofia natural. Além de buscar a constituição de métodos próprios de investigação, essa filosofia – que algum tempo depois passou a ser chamada de ciência moderna – introduziu na Europa um novo olhar para o mundo.

Os saberes que convergiram para o continente europeu a partir do século XII, além de despertar grande interesse pelos estudos da natureza, trouxeram com eles uma concepção mágica do cosmo que foi absorvida pelo cristianismo medieval ao longo dos séculos XIII e XIV. Homens e mulheres, fossem eles cultos ou simples camponeses, passaram a adotar aspectos dessa nova visão. Nela, a natureza estava repleta de espíritos que operavam transformações nos corpos. A terra era considerada a mãe que gerava, em seu ventre, desde os grãos que alimentavam a todos até os minérios indicadores da riqueza dos palácios. Deus era o ser supremo que podia operar milagres a qualquer momento, alterando o curso da história, fosse ela social, econômica ou mesmo natural.

A partir do século XV, entretanto, o intenso convívio com uma realidade repleta de máquinas fez com que começasse a surgir uma nova concepção de natureza. Os moinhos movidos a água ou vento tornaram-se parte imprescindível do dia a dia. A precisão dos relógios substituiu o movimento diário do Sol, trazendo uma nova forma de se relacionar com o tempo. Os estudos astronômicos se intensificaram, e a mãe Terra, centro de um cosmo fechado, passou a ser considerada apenas mais um planeta, parte de um Universo infinito que funcionava tal e qual um mecanismo, com um comportamento matematicamente determinável e regido por leis inflexíveis. Nesse sentido, não havia mais espaço para milagres. No Universo-máquina, tudo já havia sido estabelecido no momento da criação, podendo ser compreendido pelo desmonte das engrenagens. O conhecimento das partes levaria à compreensão do todo.

A concepção de um Universo-máquina não se instalou contudo de forma simples. No campo da filosofia natural, os séculos XV, XVI e XVII representaram um período de intensas controvérsias e da busca de ajustes entre as duas visões de natureza. Os escritos dos fundadores da ciência moderna estão repletos dessas aparentes contradições, que na realidade constituem o âmago da história das ciências.

Esta é a história que vamos começar a contar neste livro. A de um tempo de enormes mudanças, no qual antigas e novas concepções dialogavam em busca da construção da Modernidade.

1

O CENÁRIO DOS SÉCULOS XV, XVI E XVII

✧ ✧ ✧

A ciência moderna não surgiu na Europa por acaso. Ao longo dos séculos XV, XVI e XVII, eclodiram no continente diversos movimentos que apontavam na direção de uma sociedade diferente daquela que existira durante os quase mil anos da Idade Média. No campo filosófico, os descontentamentos com as velhas formas de produção de conhecimento clamavam pela invenção de novos modelos que deveriam ser erguidos sobre os escombros do passado.

Compreender esse período seria como tentar entender o funcionamento de uma grande máquina, com diversas engrenagens, movimentos e interações. O estudo de todo esse mecanismo se transformaria num trabalho bastante complexo. Mas também seria demasiadamente simplista apresentar apenas uma das engrenagens sem o seu entorno. Nesse cenário iremos separar uma pequena parte de nossa imensa máquina, procurando apresentar apenas o funcionamento de algumas peças que interagiram de forma mais estreita com a ciência moderna. Esse procedimento, baseado numa das máximas do pensamento mecanicista – de que a compreensão do todo pode ser feita pelo estudo das partes –, poderá nos trazer alguns problemas. Sempre que possível, procuraremos ir além dele, apresentando, não somente as partes, mas as interações entre elas. Contrariando a máxima do século XVII, acreditamos que o todo é sempre mais complexo do que a soma das partes.

A revolução comercial e a matemática

O somatório de pequenas inovações técnicas introduzidas no cotidiano dos europeus de algumas regiões, a partir do século XII, foi pouco a pouco se espalhando pelo restante do continente. Dessa forma, ao fim de três séculos, o panorama econômico havia mudado radicalmente.

O grande desenvolvimento do comércio resgatou um velho hábito: camponeses e habitantes das vilas europeias voltaram a utilizar o dinheiro nas negociações. O antigo sistema de trocas começava a ficar inviável com a intensificação do comércio. Se um camponês desejasse intercambiar alguns sacos de trigo por lã, devia levá-los à feira, em busca de alguém que tivesse lã, mas ao mesmo tempo desejasse trocá-la por trigo. Essa não era uma tarefa banal. O camponês poderia encontrar alguém ansioso em comprar trigo e que não possuísse lã, mas centeio. O uso do dinheiro resolveu de forma radical o problema. Possibilitou que os sacos fossem trocados por moedas, que, além de facilmente transportáveis, permitiriam ao camponês, já livre dos sacos de trigo, procurar uma terceira pessoa interessada na venda de lã.

A utilização do dinheiro trouxe também para o cotidiano dos europeus uma abstração própria de um tipo de raciocínio teórico, antes patrimônio exclusivo de intelectuais, no qual símbolos podiam representar objetos concretos. Além disso, a manipulação da moeda nas sociedades em franco desenvolvimento comercial gerou a necessidade do aprendizado do cálculo matemático pela gente simples das cidades e dos campos. A matemática – que ao longo da maior parte da Idade Média havia permanecido como patrimônio de poucos intelectuais, sem utilidade prática cotidiana e imediata – viu sua aplicação se expandir enormemente. Para isso muito contribuiu a introdução dos algarismos indo-arábicos, mais facilmente manipuláveis em cálculos do que os romanos. Em pouco tempo multiplicaram-se as escolas de cálculo, e a matemática passou a fazer parte da formação das populações urbanas. Os filhos de comerciantes eram desde cedo iniciados nesse universo.

Além do cálculo aritmético, a geometria também integrava o currículo das escolas. Era necessário poder cortar e medir a superfície de peças de tecidos, saber a área cultivável de um campo ou quantos azulejos utilizar na cobertura de uma parede. O conhecimento geométrico pouco a pouco ganhou importância no aprendizado comercial e técnico. Diversos manuais contendo essas noções foram editados e serviram para a formação de várias gerações de comerciantes e engenheiros.

A primeira aritmética comercial foi impressa em Treviso no ano de 1478. Três anos mais tarde publicou-se outra em Florença. O sucesso de algumas dessas obras foi tão grande que a *Nobel opera de arithmetica*, escrita por Piero Borghi, teve 16 edições entre os anos de 1484 e 1577. A Alemanha, a França e também outros locais longe do Mediterrâneo passaram a editar esse tipo de obra ao longo do século XV. Uma das principais características desses textos práticos era o fato de não serem escritos em latim. Seus autores, ao optar por uma linguagem vulgar e regional, tinham como objetivo difundir a ferramenta matemática pelo grande público.

Com o tempo esses manuais passaram a incorporar questões mais teóricas, utilizando também a álgebra. Muito empregada pelos árabes na península Ibérica, a álgebra logo se espalhou pelo restante do continente. A princípio era uma ferramenta proveitosa apenas no cálculo dos juros cobrados em empréstimos. Mais tarde percebeu-se que sua utilidade era ainda maior na resolução de uma gama enorme de problemas. O matemático francês Nicolas Chuquet (c.1484) foi um dos que criaram símbolos para designar incógnitas, potências e raízes. A partir disso foi possível desenvolver cálculos sobre monômios, polinômios e resolver várias equações algébricas. Os números negativos, por exemplo, foram estudados pelos matemáticos nessa época, e no princípio não apresentavam qualquer aplicação prática. Mais tarde os comerciantes incorporaram-nos a seus cálculos para representar os fluxos de saída de caixa e os prejuízos.

Além das questões ligadas à utilização do dinheiro no comércio, a Europa presenciou também o surgimento de métodos mais eficazes de medição do tempo. As horas se dividiam de forma desigual ao longo do período claro e escuro do dia e eram calculadas com base na posição do Sol e das estrelas no céu. A partir do século XIV os europeus pouco a pouco começaram a dividir o dia em horas iguais e a construir relógios que as pudessem marcar de forma precisa. A sociedade burguesa em ascensão não poderia mais fundamentar a medição do tempo nas horas canônicas ou em intervalos irregulares. O tempo perdia desse modo a referência do Sol e das estrelas e ganhava uma dimensão abstrata. Assim como o dinheiro no sistema de trocas, a divisão abstrata do tempo passou a comandar os ritmos da nova ordem burguesa em plena expansão.

Os primeiros relógios europeus eram movidos a água, e seu maior inconveniente era o congelamento no inverno. Com o emprego em larga escala das engrenagens, os engenheiros passaram a utilizar relógios mecânicos de maior precisão. Os estudos de mecânica começaram a se relacionar com a abstração matemática própria das medições e com a astronomia, que explicava as variações de dias e noites.

De forma geral, pode-se dizer que uma nova linguagem com base na precisão matemática ganhou as praças da Europa ao longo dos séculos XV, XVI e XVII. O gosto por essa nova linguagem tomou conta do imaginário coletivo. Tornou-se inevitável nos meios acadêmicos a comparação entre as respostas dadas aos problemas matemáticos com as questões de cunho filosófico, em que as longas disputas raramente levavam a uma conclusão definitiva. Começaram a ser procurados novos caminhos, que utilizassem a linguagem matemática na busca da verdade.

As navegações e a expansão comercial europeia

O desenvolvimento do comércio provocou também a expansão dos mercados e a procura de novos parceiros fora do espaço europeu. As companhias que se iam formando procuravam ampliar seus negócios, buscando outros horizontes. Num primeiro momento, o Mediterrâneo foi o caminho natural, por já ter uma longa tradição como rota mercantil desde a Antiguidade.

Cidades como Veneza e Gênova tornaram-se portos de grande importância no comércio mediterrâneo entre a Europa, a África e o Oriente. Mais tarde, com as dificuldades encontradas no Oriente, essas companhias começaram a buscar outras vias no Ocidente europeu.

O século XV representou o apogeu das grandes navegações atlânticas. O reino cristão de Portugal, espremido entre o mar e uma Espanha ainda parcialmente sob domínio árabe, começou a lançar-se na exploração do até então desconhecido oceano Atlântico. Com o apoio financeiro de comerciantes italianos – que buscavam novas rotas de comércio –, acrescido dos interesses de ampliação dos horizontes da cristandade por parte dos cavaleiros da Ordem de Cristo, os portugueses prepararam um projeto ambicioso de expansão atlântica.

O artífice do empreendimento marítimo português foi o terceiro filho do rei dom João I, o infante dom Henrique (1394-1460), que em 1416 tornou-se grão-mestre da Ordem de Cristo. Para tanto reuniu um vasto conjunto de homens de ciência e engenheiros navais. Embora trabalhassem em diversos pontos do território português, eles vieram a ser conhecidos sob a designação de Escola de Sagres, em homenagem à base naval de onde o infante comandava o empreendimento, próximo à vila de Lagos, no sul de Portugal.

Diversos saberes foram reunidos para colocar em prática a navegação atlântica. Ao conhecimento proveniente da experiência pesqueira portuguesa somou-se o saber teórico-prático trazido pelos árabes para a península Ibérica e as técnicas náuticas desenvolvidas pelos venezianos e genoveses no mar Mediterrâneo. Como a navegação em mar aberto exigia a solução

O início das navegações portuguesas

O ano de 1415 é o marco inicial dessa aventura. Foi o ano em que Portugal conquistou Ceuta, cidade do norte da África, próxima ao estreito de Gibraltar. A partir daí, os navegadores começaram a explorar o Atlântico, margeando a costa africana.

de diversos problemas – tanto de náutica como de engenharia naval –, a Escola de Sagres passou a desempenhar papel fundamental como centro de investigação. Lá, a partir de ações cuidadosamente planejadas e estudadas, eram desenvolvidos novos conhecimentos científicos e técnicos em diversas áreas.

Sagres transformou-se num dos primeiros grandes centros de pesquisa da modernidade, onde se podia juntar o saber teórico de cartógrafos e astrônomos com o conhecimento prático trazido pelos pilotos que navegavam pelo Atlântico.

Uma das dificuldades da navegação nesse oceano eram os ventos que sopravam em direção às regiões mais aquecidas, nas proximidades da linha do equador. Portanto, até a costa da Guiné, os ventos eram favoráveis ao deslocamento de norte para sul. A partir dessa região, vinham de sul para norte. Isso causava inúmeros problemas quando se desejava seguir adiante na exploração da costa africana. A essa dificuldade somava-se

As correntes marinhas e os ventos no Atlântico

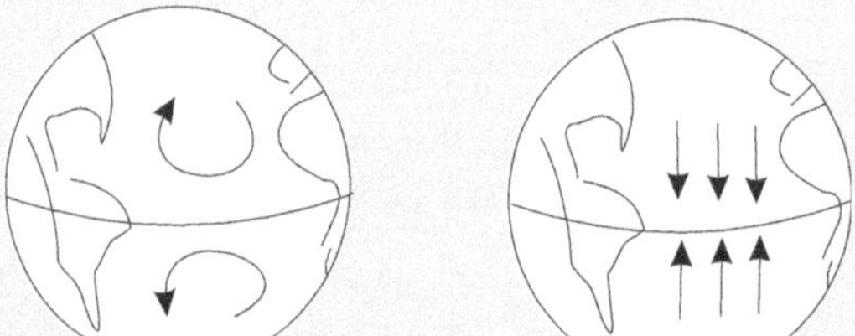

correntes marinhas — ventos

O ar, mais aquecido na região equatorial, tende a subir, por ser menos denso. Com isso as correntes de ar tendem a ocupar o espaço deixado, fazendo com que os ventos soprem em direção ao equador. Por outro lado, a inércia da água em relação ao movimento de rotação da Terra produz correntes marinhas no sentido horário, no hemisfério Norte, e anti-horário, no Sul.

o fato de que as correntes marinhas circulavam no Atlântico Norte no sentido horário, e no Sul, em sentido anti-horário.

Os pilotos portugueses vinham desenvolvendo técnicas de navegação para superar o problema há algum tempo. No retorno da costa da Guiné para Lisboa, encontravam também ventos e correntes contrários. Eles procuraram utilizar então velas triangulares, com o objetivo de navegar com uma inclinação relativa aos ventos que os permitisse avançar lentamente. O emprego dessa técnica forçava-os a se afastar da costa, descrevendo uma trajetória quase circular em sentido horário. Com isso acabavam no centro do Atlântico Norte, sendo guiados única e exclusivamente pelo céu.

Para se localizar em mar aberto foi necessária a aplicação de antigas técnicas de navegação e a produção de novos instrumentos de medida e observação celeste. Os pilotos precisavam medir a inclinação da eclíptica, isto é, do arco percorrido pelo Sol no céu ao longo do dia. Para tanto, mediam a altura do Sol ao meio-dia e registravam a observação em cada dia do ano nas principais cidades por que passavam. Durante a noite, faziam o mesmo com a estrela Polar, calculando sua altura em relação ao horizonte. As medições realizadas previamente no porto de Lisboa permitiam saber o quanto eles estavam distantes desse porto na direção norte-sul. Quando um piloto chegava num ponto em que a altura do Sol e da estrela Polar era similar ao representado por Lisboa, sabia que estava no mesmo paralelo daquela cidade. Passava então a navegar para leste, percorrendo o paralelo. Em cada porto visitado pelas naus, os valores angulares da estrela Polar eram transcritos para os mapas, e, assim, se podia saber a latitude daquela cidade. A anotação ajudaria quando a nau estivesse em alto-mar, pois, longe da costa, o piloto saberia exatamente seu posicionamento no eixo norte-sul.

O maior problema, contudo, era a determinação da longitude. No mesmo paralelo, não se sabia qual o afastamento na direção leste-oeste com referência ao porto de Lisboa, por exemplo. A dificuldade só veio a ser resolvida no século XVIII, com o desenvolvimento de relógios mais precisos que, embarcados nos navios, não apresentavam problemas com as oscilações da navegação em alto-mar.

Estrela Polar ou do Norte

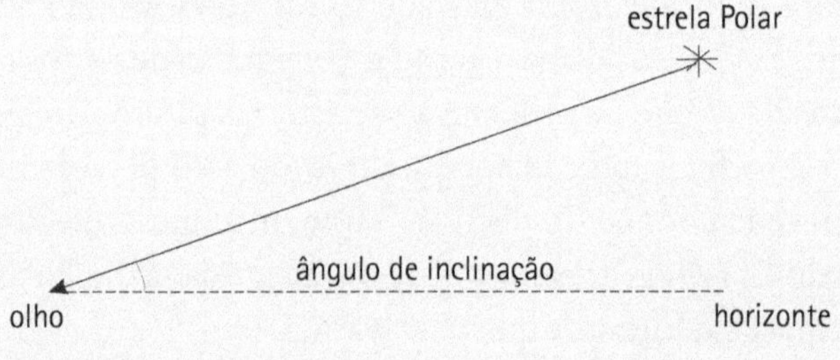

A estrela Polar tem a característica de aparentemente permanecer fixa no céu, enquanto as demais estrelas giram a seu redor. Esse fenômeno vem do fato de que o eixo de rotação terrestre aponta praticamente na direção dessa estrela. Logo, no referencial da Terra, nós vemos todas as estrelas girando ao redor da Polar durante a noite. O termo "nortear", no sentido de "direcionar", vem dessa prática da navegação. "Orientar" vem da tradição de utilizar Jerusalém (Oriente) como referência nas viagens terrestres.

A medição dos ângulos era feita com diversos instrumentos, como o astrolábio, a balestrilha e o quadrante. Mais tarde, o contato com os navegadores do oceano Índico trouxe para a Europa novos instrumentos – como o karmal, desenvolvido pelos pilotos orientais – que logo foram incorporados à náutica portuguesa.

O quadrante

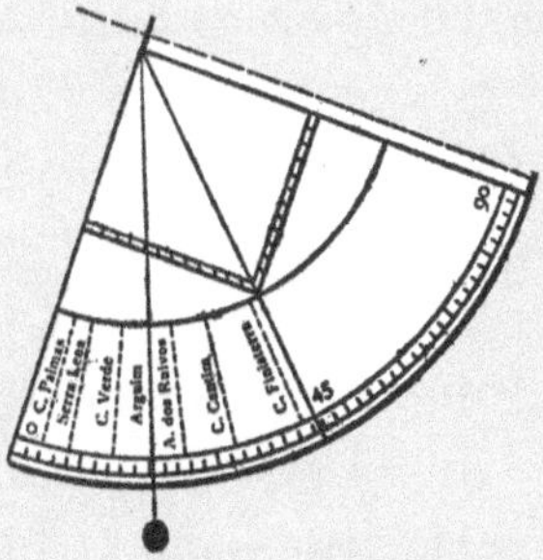

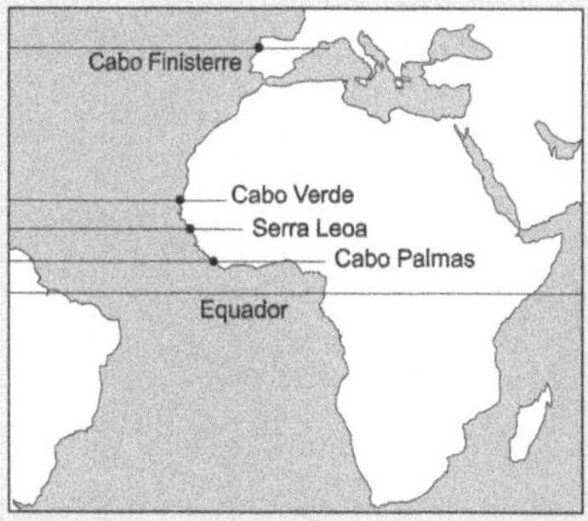

A utilização do quadrante baseava-se na medição da altura da estrela Polar. De um modo indireto, era a medição do ângulo entre sua posição e o horizonte. O piloto mirava o astro, e uma corda presa a um pequeno peso marcava o ângulo. No próprio quadrante já vinham indicadas a altura da Polar em alguns pontos da costa.

O empreendimento marítimo português promoveu um grande progresso dos instrumentos de observação do céu. Alguns deles permitiram um notável avanço no estudo da astronomia no século seguinte. O astrônomo dinamarquês Tycho Brahe (1546-1601) realizou importantes medições astronômicas com alguns desses instrumentos, possibilitando que outro astrônomo, Johannes Kepler (1571-1630), estabelecesse as leis do movimento planetário.

Ao atravessar a linha do equador, os pilotos portugueses passaram a utilizar a mesma técnica do retorno a Lisboa executada no hemisfério Norte – os ventos e correntes contrários exigiam o afastamento da costa africana. Só que na volta, executada no hemisfério Sul, não se podia contar com o auxílio da estrela Polar. O céu dessa parte da Terra era repleto de estrelas desconhecidas para os navegadores europeus, e nenhuma delas tinha as mesmas características da Polar. Continuava a ser possível, no entanto, a medição da declinação do Sol, porque há simetria entre os hemisférios.

Tanto Bartolomeu Dias (segunda metade do século XV) – que confirmou a existência da ligação entre o Atlântico e o Índico pelo sul da África em 1488 – como Vasco da Gama (c.1460-1524) – que encontrou o caminho marítimo para as Índias navegando pelo oceano Índico – fizeram a volta no Atlântico Sul em suas viagens.

No grande afastamento da costa africana que eram obrigados a fazer, alguns marinheiros perceberam a presença de pássaros voando naquilo que acreditavam ser uma vasta região oceânica. A observação poderia indicar a presença de terras. O sigilo com que eram tratados os conhecimentos obtidos pelas navegações deixou à história muitas perguntas sem resposta. Alguns mapas, anteriores à viagem de Cristóvão Colombo (1451-1506) à América, já falavam de terras denominadas An-

A volta do Atlântico Sul

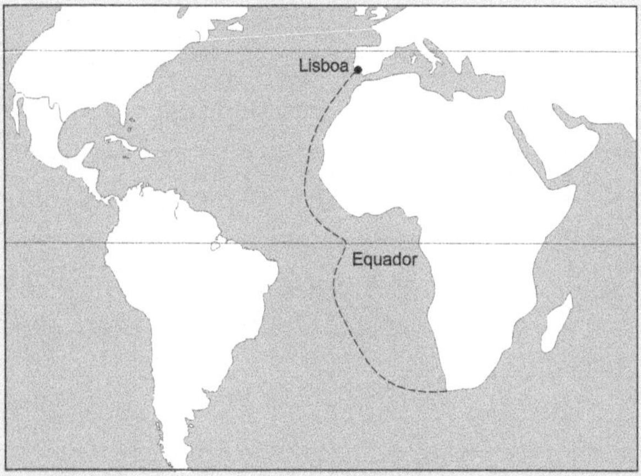

Para vencer as correntes e os ventos contrários, os pilotos tinham de realizar uma volta em pleno oceano Atlântico, afastando-se da costa. O artifício exigia o desenvolvimento de novas técnicas no estabelecimento da posição da embarcação no oceano. Essa volta permitiu que os navegantes percebessem a existência de terras a oeste e o posterior desembarque no litoral brasileiro.

tílias a oeste de Cabo Verde. Um mapa de 1502 – roubado dos cartógrafos portugueses por um espião italiano – já mostrava toda a costa americana, do Canadá ao sudeste do Brasil. O Tratado de Tordesilhas garantiu a posse de todas as terras até 370 léguas a leste de Cabo Verde para Portugal. Com a assinatura do acordo, foi oficializada a ocupação das terras americanas no sul do Atlântico por Pedro Álvares Cabral (c.1467-1520) em 1500. O desinteresse de Portugal pelas novas terras, contudo, fez com que a colonização do Brasil só começasse a partir dos últimos anos do século XVI.

Ao atravessar o cabo da Boa Esperança os navegadores portugueses adentraram o Índico, onde encontraram um vasto comércio marítimo. O contato com pilotos experientes na navegação desse oceano permitiu aos portugueses conhecerem novas técnicas diferentes das suas. Esse encontro, fundamental para o desenvolvimento da navegação europeia nos mares do Sul, propiciou de parte a parte um grande intercâmbio e a melhoria de instrumentos.

Cristóvão Colombo permanecera alguns anos em Portugal. Em contato com o saber desenvolvido durante quase um século de navegações atlânticas, e ajudando seu irmão nos negócios de produção e venda de cartas marítimas, Colombo elaborou um projeto de chegada às Índias por uma rota ocidental. Seus planos baseavam-se no antigo estudo de um cartógrafo florentino chamado Paolo dal Pozzo Toscanelli, afirmando que o caminho mais curto entre Portugal e a China seria pelo Ocidente. Segundo seus cálculos a China estaria a cinco mil milhas náuticas (9.260km) a oeste de Lisboa. Tais ideias não foram consideradas pelos cartógrafos portugueses. Além de não estarem baseadas em informações concretas, mostravam-se incompatíveis com as estimativas então em voga sobre o tamanho da Terra. A rota oriental, contornando o sul da África, era considerada a mais aceitável.

Colombo estudou as correntes marítimas no Atlântico Norte. Visitou os países nórdicos para se informar sobre as correntes e as viagens de navegadores nessa região, no passado. Percebeu que não encontraria problemas de ventos e correntes contrárias, como os portugueses no Atlântico Sul. Para tanto, teria que fazer a viagem no sentido horário, isto é, navegando rumo ao poente pelo Sul e retornando pelo Norte. Sem obter o apoio português, dirigiu-se aos reis católicos da Espanha –

As grandes descobertas

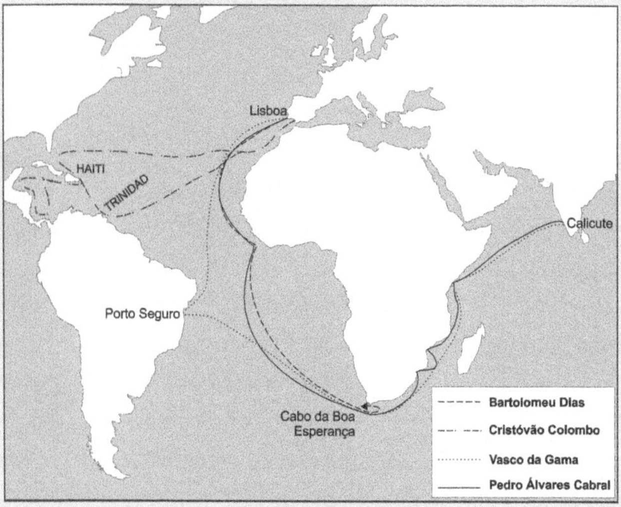

Em 1488 Bartolomeu Dias descobriu o Cabo das Tormentas, mais tarde Cabo da Boa Esperança; Cristóvão Colombo chegou às Américas em 1482; Vasco da Gama, em 1498, descobriu o caminho marítimo para as Índias; finalmente, em 1500, Pedro Álvares Cabral chegou ao Brasil.

região que acabava de sair das guerras contra os mouros. Embora sem tradição na navegação atlântica, os reis espanhóis concederam-lhe três embarcações. A viagem foi feita em 1492. Colombo avistou terras em outubro, acreditando ter chegado às Índias. Alguns anos se passaram até que Américo Vespúcio desfez o engano, percebendo que se tratava de um novo mundo, e não das Índias.

As ações do empreendimento marítimo europeu produziram um grande avanço em diversas áreas do conhecimento. A astronomia foi beneficiada pelo aperfeiçoamento de antigos instrumentos de observação do céu e pela criação de novos aparelhos de medida. A descoberta de terras distantes produziu entre os europeus a percepção de uma diversidade biológica jamais imaginada. Esse fato iria ter consequências nos séculos seguintes, quando estudiosos da história natural começaram a embarcar nos navios rumo às mais diversas regiões do globo terrestre. Por fim, a própria metodologia de trabalho das navegações serviu para que fossem testadas novas ideias na prática, reforçando a crença de alguns filósofos naturais de que o conhecimento proveniente da experiência deveria ser considerado um aliado mais seguro do que a tradição transmitida pelos textos da Antiguidade. Essa prática já continha em sua estrutura, ainda que em fase embrionária, elementos daquilo que seria chamado no contexto da ciência moderna de experimentação.

As grandes navegações mudaram por completo a história da Europa. Além de serem fundamentais para o estabelecimento da ciência moderna, possibilitaram a queda de vários mitos medievais. Além disso, mostraram que a adoção de um planejamento para a investigação podia levar, não só a novos conhecimentos, mas à superação e correção dos antigos, dando vida a um novo ideal: o progresso.

Os engenheiros do Renascimento

A expansão comercial europeia não produziu consequências apenas no desenvolvimento das técnicas de navegação. O trabalho dos engenheiros – que já vinha ganhando importância ao longo dos séculos finais da Idade Média – consolidou-se no Renascimento como atividade fundamental. De construtores de pequenos moinhos, eles passaram a projetar e edificar grandes catedrais e a fabricar sofisticados instrumentos de medição. Num tempo em que a quantificação e a matemática começavam a se tornar peças-chave na organização social, o desenvolvimento dessas técnicas tornou-se primordial para os projetos da nascente burguesia. O comerciante e o nobre do Renascimento queriam eternizar sua passagem pela terra com obras de vulto. As classes dirigentes urbanas desejavam concretizar seu poder por meio de construções que simbolizassem sua superioridade em relação às cidades rivais. O trabalho manual, considerado desde a Antiguidade uma tarefa de escravos, passou a desempenhar papel decisivo no contexto desses projetos.

Os engenheiros do Renascimento eram diferentes dos modernos em muitos aspectos. Sua formação não ocorria no espaço universitário. Muitos deles eram chamados *homens sem letras*, pois, numa época em que os estudos acadêmicos estavam ligados à filosofia e à teologia, essas disciplinas eram de pouca utilidade para um construtor de máquinas e prédios. Os conhecimentos necessários ao trabalho de um engenheiro eram diversificados,

Os artefatos do canteiro de obras

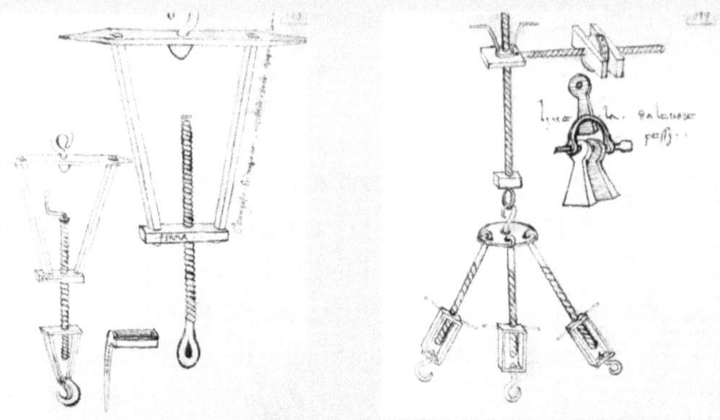

Projetos de Bonaccorso Ghiberti

A construção da cúpula da catedral de Florença foi um dos maiores empreendimentos da engenharia do século XV. Com uma altura de 35,50m do topo à base, e colocada a uma altura de 54m do chão, essa cúpula exigiu a invenção de diversos artefatos que resultaram na realização de avanços no campo da mecânica prática.

muitos saberes participavam desse empreendimento. O canteiro de obras de uma catedral, por exemplo, consistia num espaço em que as discussões sobre técnicas de edificação se mesclavam com debates relacionados à pintura de afrescos e à escultura de ornamentações. Além da concepção arquitetônica, alguns engenheiros, como Fillipo Brunelleschi (1377-1446), que projetou a cúpula da catedral de Florença, criavam também os diversos equipamentos mecânicos que serviam aos trabalhos no canteiro de obras.

Em alguns casos, era necessário também projetar e fabricar um relógio, instrumento no qual os conhecimentos de mecânica se mesclavam com os de astronomia, pois alguns desses mecanismos não marcavam apenas horas, mas as estações do ano e as fases da Lua. Todo esse conjunto de saberes participava das preocupações diárias dos engenheiros. Os mesmos homens que projetavam e construíam máquinas para facilitar o trabalho dos operários também pintavam ou esculpiam. Para os engenheiros do Renascimento não havia distinção entre trabalho técnico e artístico.

Os ateliês, além de espaços reservados ao trabalho manual de fabricação de peças e mecanismos, eram também lugares de aprendizagem teórica. Por volta do século XV muitos tratados técnicos da Antiguidade clássica estavam sendo publicados e traduzidos para os idiomas regionais europeus. Uma biblioteca básica de um ateliê poderia conter estudos matemáticos de Euclides (século III a.C.), escritos sobre arquitetura de Vitrúvio (século I), textos sobre máquinas de Arquimedes (287-212 a.C.) e Heron (século I), ou mesmo a geografia e a astronomia de Ptolomeu (c.90-168) e Aristarco (310-230 a.C.). Alguns desses livros eram edições dos textos originais adaptadas para a compreensão dos engenheiros, numa tentativa de elaborar manuais de cunho mais prático.

A partir do século XV multiplicavam-se os comentários aos textos da Antiguidade e a produção de cadernos de anotações. O desenvolvimento do saber técnico – que no passado havia se constituído sobretudo por meio da tradição oral – passou a ser em geral registrado em papel. Dessa forma, os ateliês se transformaram em espaços de cruzamento de saberes, fossem eles práticos e teóricos, fossem novos e antigos. O registro em papel apontava para o futuro, atribuindo uma nova direção a esse conhecimento.

Diversas tradições técnicas foram desenvolvidas em algumas regiões da Europa. O norte e o centro da Itália destacaram-se das demais áreas pelo dinamismo comercial. Sob o patrocínio de nobres e prósperos comerciantes, os engenheiros italianos projetavam e construíam palácios, catedrais, sistemas de distribuição de água para cidades, além de esculpir e pintar quadros e afrescos. Transformavam regiões como a Toscana num celeiro de inovações técnicas e artísticas.

Leonardo da Vinci (1452-1519) tornou-se símbolo máximo desse movimento. A diversidade de interesses de sua obra – que, ao abarcar campos aparentemente tão díspares, provoca estranheza ainda hoje – refletia o caráter interdisciplinar da cultura técnica renascentista. Seus projetos de máquinas e edificações e suas pinturas são testemunhos da cultura de toda uma época, que inclui ainda outros nomes, como do próprio Brunelleschi ou de Francesco di Giorgio Martini (1439-1501), que projetou redes de abastecimento de água e diversas fontes da pequena cidade de Siena, próxima a Florença, na Itália.

Os engenheiros do Renascimento propiciaram um enorme avanço no campo da mecânica prática. Ao projetar e construir catedrais, palácios ou mecanismos, eles desenvolveram novas máquinas e produziram conhecimentos que passaram a alimentar a reflexão teórica sobre os estudos do movimento.

Galileu Galilei (1564-1642), um dos pais da ciência moderna, ao iniciar seu livro *Discurso e demonstrações matemáticas sobre as duas novas ciências*, citava os trabalhos do Arsenal de Veneza, um dos mais importantes locais de fabricação de navios, armas e máquinas da época. Nesse livro, no qual as ideias são apresentadas sob a forma de diálogo entre três personagens, Salviati, Sagredo e Simplício, Galileu fazia o primeiro deles afirmar a crença de que o Arsenal era um lugar privilegiado na produção de conhecimentos no campo da mecânica.

Numa sociedade em que o trabalho técnico ganhava importância, e na qual se podiam detectar diversos questionamentos a todo conhecimento que não nascesse da experiência prática, Galileu reafirmava sua confiança na importância desse saber para o pensamento filosófico. Depois desse primeiro passo, ele foi ainda mais adiante, ao propor um novo processo para a construção do conhecimento filosófico, inspirado na metodologia de trabalho dos engenheiros: a experimentação.

Galileu e o conhecimento prático dos engenheiros

"Parece-me que a frequente atividade do vosso famoso Arsenal, senhores venezianos, oferece vasto campo filosófico às inteligências especulativas, e particularmente naquela matéria que se denomina mecânica, posto que neste lugar é continuamente construído todo o tipo de instrumentos e máquinas, por parte de inúmeros artesãos, entre os quais é possível que existam, tanto graças às observações feitas pelos antepassados, como pelas que fazem continuamente por sua própria reflexão, alguns que aliam sua perícia a um raciocínio profundo."

(Galileu, *Duas novas ciências*, Primeira jornada)

Da simbiose entre filosofia e técnica nasceu a ciência moderna. Nesse sentido, a contribuição daqueles *homens sem letras* para a consolidação da sociedade moderna foi além da construção de obras magníficas, como as catedrais ou os afrescos, ou ainda de máquinas fantásticas, como os relógios. A ciência moderna, nascida desse processo, fez com que se estabelecessem novas bases de relacionamento entre teoria e prática, entre reflexão filosófica e transformação da natureza.

Um novo olhar: a invenção da perspectiva

Dentre as inovações surgidas durante o Renascimento, existe uma que marcou definitivamente a história da ciência, da técnica e da arte: a invenção da perspectiva plana. Embora os gregos tivessem inventado a geometria plana, denominada

Euclides

Euclides (século III a.C.) foi um importante filósofo grego que viveu em Alexandria. Poucas informações sobre sua vida chegaram a nosso tempo. Ele recebeu influências de Platão e Pitágoras, tendo escrito uma vasta obra denominada *Elementos*, que se divide em 13 volumes. Os quatro primeiros lançam as bases da geometria plana, e nele são estudados figuras poligonais e o círculo. Os demais livros tratam do estudo das proporções e da teoria dos números. Seus postulados tornaram-se fundamentais para a matemática, a ponto de se dar à *geometria plana* o nome de *geometria euclidiana.*

euclidiana – e esta já fosse utilizada em larga escala pelos romanos em suas construções –, não havia uma sistematização da representação tridimensional num plano. Muitos dos estudos de geometria haviam sido esquecidos ao longo dos primeiros séculos da Idade Média.

As pinturas medievais realizavam-se naquilo que ficou conhecido como espaço agregado. Os objetos representados eram desenhados de forma a se justapor, sem que existisse uma relação de proporcionalidade entre eles com referência às suas distâncias em relação ao observador. Um objeto próximo não era necessariamente representado como maior do que outro mais afastado. O tamanho dos objetos e das pessoas relacionava-se antes ao grau de importância na hierarquia da sociedade medieval.

A partir dos estudos de óptica, que começavam a ser traduzidos do árabe, da popularização da geometria e do desenvolvimento das técnicas de medição angular realizadas com sextantes e quadrantes pelos navegadores, foram desenvolvidas novas formas de representação. Num primeiro momento, as pinturas passaram a conter um quadriculado no chão das casas, em forma de lajotas, numa geometrização que dava profundidade ao espaço. Este tipo de quadriculado já vinha sendo bastante utilizado na geometrização dos espaços, sobretudo na cartografia, com o intuito de calcular o posicionamento de um objeto num mapa.

Mais tarde os pintores criaram uma nova técnica. Passaram a empregar o chamado ponto de fuga, uma confluência imaginária no infinito, para a qual convergiam todas as retas paralelas do desenho. Muitos pintores do Renascimento posicionavam

Representações medievais

Ugolino da Siena, *Última Ceia*

Nesta pintura medieval da Última Ceia, os apóstolos sentados próximos ao observador são menores do que os que estão do outro lado da mesa. Nessa época ainda não havia se desenvolvido a técnica da perspectiva. A geometrização do espaço não tinha grande importância. Os tamanhos não se relacionavam com a distância relativa ao observador, mas com a posição que ocupavam naquilo que estava sendo representado. Graças a isso temos uma pintura assimétrica, com Jesus situado na lateral esquerda e de tamanho desproporcional com relação aos apóstolos.

A geometrização do espaço

Rafael, *O casamento da Virgem*

Neste quadro de Rafael já se podem perceber diversas características da nova concepção espacial do Renascimento. O quadriculado no chão denota uma geometrização do espaço muito parecida com a desenvolvida pelos cartógrafos e pilotos na determinação da posição de um navio no mar. Por outro lado, o quadro já incorpora a ideia de um espaço infinito, representada, entre outras coisas, pela porta aberta ao centro do prédio.

Projeção em perspectiva

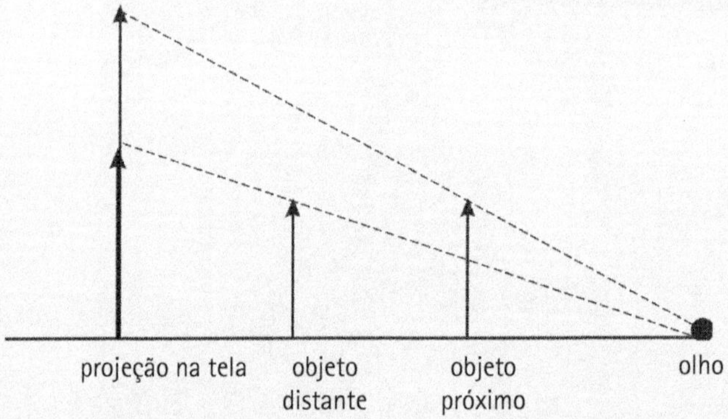

Apesar de possuírem o mesmo tamanho, os dois objetos aparentam tamanhos diferentes, graças ao ângulo visual produzido pelo fato de um deles estar mais próximo do observador. Projetados num plano, a tela de pintura, as alturas seriam diferentes.

esse ponto no centro do quadro, fazendo convergir para ele as linhas do teto e do chão.

Outras inovações se seguiram. Os estudos de óptica árabes representavam a propagação da luz na forma de retas, os raios luminosos, que partiam dos objetos e convergiam para o olho do observador. Com esses estudos pôde-se estabelecer uma regra de proporcionalidade para o tamanho do que era observado. O ângulo visual de um objeto próximo era maior que de um outro de mesmo tamanho que estivesse posicionado mais adiante.

Projetos técnicos

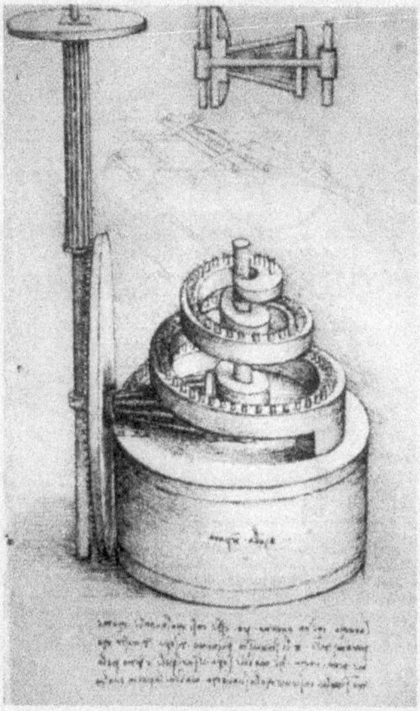

Projeto de Leonardo da Vinci

Os trabalhos técnicos também foram beneficiados pela invenção da perspectiva. Neste projeto de Leonardo da Vinci para uma peça de relógio, pode-se perceber a utilização da nova forma de representação, que auxiliava muito o fabricante a perceber as nuances do projeto.

Os engenheiros do Renascimento utilizaram o novo artifício em seus trabalhos artísticos e técnicos, uma vez que tanto os quadros e afrescos como os desenhos técnicos eram produzidos da mesma forma.

A invenção da perspectiva não teve consequências puramente técnicas ou artísticas. Pode-se dizer que foi a expressão de uma transformação maior. Num primeiro momento, ela educou o olhar dos florentinos e, em seguida, do restante da Europa. Diversas pinturas de outros povos da mesma época não possuem essa expressão da tridimensionalidade. O novo olhar foi de fundamental importância para as observações que passaram a ser feitas a partir daquele momento, tanto no campo da astronomia, com os telescópios, como no da história natural, com os microscópios.

A difusão da ciência moderna

Ao contrário da tradição hermética da Idade Média, na qual um saber como o dos alquimistas pertencia a uns poucos iniciados, a ciência moderna nasceu no contexto de um amplo processo de divulgação, pois ela necessitava conquistar corações e mentes para o novo saber. O surgimento de uma nova forma de ver o mundo e de pensar não poderia se constituir sem uma rede de difusão. Era necessário ganhar adeptos e espalhar as novas ideias.

As então recentes concepções científicas encontraram um terreno fértil para proliferar a partir das novas técnicas de reprodução de livros. A impressão mecânica trouxe imensas possibilidades de popularização para o novo saber. A invenção da prensa de tipos móveis por Gutenberg (c.1390-c.1468) desencadeou um processo de divulgação dos novos saberes fora dos círculos de controle da Igreja, uma vez que as emergentes editoras estavam nas mãos de leigos. Livros sobre os mais variados temas passaram a ser editados nos idiomas regionais, e não mais em latim.

Além dos livros provenientes da Antiguidade clássica, como as obras de Euclides ou Arquimedes, editadas pela primeira vez em fins do século XV, outros manuais escritos por pessoas de menor importância no mundo intelectual foram publicados, com grande sucesso de venda. Alguns deles eram textos técnicos, com descrições de procedimentos de trabalho, ou a popularização de obras de grandes mestres. Esses livros cumpriram importante papel na ligação entre dois mundos: o formado pelos acadêmicos, detentores de um saber teórico de cunho filosófico, e aquele constituído pelos engenheiros, com seus conhecimentos de ordem prática. A partir daí a tradição filosófica se viu rapidamente interligada ao universo da experiência prática.

No campo da educação formal, as tradicionais instituições universitárias ainda estavam impregnadas das velhas ideias, e seria difícil reformá-las por dentro. Era necessário construir novas instituições que permitissem o encontro e o diálogo dos adeptos da nova ciência. A partir do início do século XVII começaram a ser fundadas as sociedades científicas, a princípio confrarias de amigos que promoviam reuniões de interessados no novo saber, sem maiores compromissos formais.

A *Accademia dei Lincei*, fundada em 1603 na cidade de Florença, tinha essa característica. Frequentada por Galileu Galilei, contava, entre seus integrantes, filósofos de diversas orientações, inclusive alguns que sofriam influências alquímicas e mágicas. Com o tempo as academias foram ganhando importância social e política e passaram a dinamizar suas tarefas, transformando-se em polos de difusão e organização da produção de conhecimentos.

Na França, desde os primeiros anos do século XVII, já existiam grupos de pessoas interessadas em ciência que trocavam cartas e se reuniam para discutir hipóteses e realizar experimentos. Em 1666 foi fundada a *Académie Royale des Sciences*, financiada pelo Estado. A iniciativa foi tomada após uma série de discussões entre cientistas e o ministro Jean-Baptiste Colbert (1619-1683), que via na academia uma possibilidade de incrementar a indústria, as navegações e as técnicas militares. A influência do ministro sobre os rumos da academia não foi no entanto incisiva ou autoritária. Lá se reunia a nata da ciência francesa, além de cientistas de outras nacionalidades, convidados a dar conferências e a participar de reuniões, como o astrônomo holandês Christiaan Huygens (1629-1695) e o dinamarquês Ole Roemer (1644-1710), também astrônomo.

A Academia de Ciências francesa tinha uma estrutura bastante burocrática. Os acadêmicos recebiam salários do Estado e ocupavam poucas cadeiras. Na época da fundação eram apenas 16, enquanto no final do século XVII somavam 70, agrupados em áreas de estudo. Somente a partir dos séculos XVIII e XIX a academia começou a desempenhar um papel preponderante na organização e promoção de pesquisas em novos campos do conhecimento.

Na Inglaterra, a Royal Society começou a funcionar de maneira formal em 1661, obtendo o reconhecimento real em 1662. Apesar do nome, a instituição não recebia qualquer financiamento da coroa. Todos os gastos eram bancados pelos próprios associados. Por isso, o número de integrantes era muito maior que o da congênere francesa. A tradição empírica britânica concedeu à instituição o caráter de dedicação à ciência experimental e às atividades práticas ligadas à mecânica. Os associados reuniam-se para discussões que invariavelmente acarretavam a elaboração de experimentos. Robert Hooke (1635-1703), físico experimental famoso pelo desenvolvimento da microscopia e pela lei da deformação de molas, foi encarregado de administrar os materiais da sociedade e preparar os experimentos. Tornou-se com isso o único membro pago do grupo. Aos poucos a academia começou a realizar palestras e experimentos públicos, com o intuito de fomentar o interesse pelo saber científico.

As novas relações econômicas estabelecidas pelo grande desenvolvimento comercial, o projeto de expansão atlântica e as novas técnicas dos engenheiros-artistas do Renascimento foram algumas das engrenagens que se relacionaram de maneira bastante estreita com a construção da ciência moderna na Europa. Muitas outras poderiam ser citadas, tanto no campo da produção material como no das ideias. Ao longo dos três séculos aqui tratados, os filósofos naturais, vivendo nesse cenário de rápidas transformações, demoliram a maior parte do edifício medieval e lançaram os alicerces de uma nova forma de produção de conhecimentos. Apesar desse projeto só ter sido totalmente concluído no século XVIII, coube ao século XVII a marca da ruptura. A construção dessa grande engrenagem – a ciência moderna – será o que passaremos a tratar a partir de agora.

2

UM NOVO OLHAR PARA A NATUREZA

O saber que vem da experiência

Os novos saberes difundidos pelos pilotos que se aventuravam nos oceanos propiciaram incríveis avanços na astronomia. Ao se unirem aos estudos matemáticos relacionados ao comércio, revolucionaram o pensamento europeu ao longo dos séculos XV, XVI e XVII. Um inédito intercâmbio de conhecimentos surgiu a partir do entrelaçamento da criação intelectual com o trabalho técnico. Imersos nesse ambiente de transformação, alguns filósofos naturais nutriam desconfiança em relação aos escritos herdados do passado, valorizando por conseguinte o saber adquirido na prática presente e cotidiana. Esse questionamento, que já aparecera nos trabalhos alquímicos de Razes (854-925) e Arnaldo de Villanova (1250-1311),[1] se expandiu e foi reafirmado por outros alquimistas, médicos e engenheiros.

Um exemplo típico dessa atitude foi a do suíço Paracelso (1493-1541). Nascido em uma família de médicos e batizado com o nome Philipus Aureolus Theofrastus Bombast von

---

[1] Consultar volume 1 desta coleção, *Convergência de saberes.*

Hohenheim, adotou uma latinização de seu último nome, que em alemão significa "o insuperável Celsus". Numa clara alusão a um médico romano que viveu no século I, o nome latino poderia significar também que Paracelso pretendia ir além de seu inspirador.

Paracelso viveu a infância numa região mineira. Nesse ambiente, aprendeu tanto os princípios da metalurgia quanto os diferentes processos de cura de doenças provenientes da sabedoria popular. Mais tarde, com o patrocínio de diversos clérigos, teve a oportunidade de viajar por toda a Europa. Durante esse período estudou em universidades suíças, alemãs e italianas. Já médico, mostrou-se contrário às teorias tradicionais, tendo como objetivo claro reformar a medicina. Rejeitou então a tese do médico grego Hipócrates (460-351 a.C.), na época muito difundida, de que existiriam quatro humores no corpo humano: a fleuma, a bílis (amarela), o sangue e a atrabilis (ou bílis preta), que, equilibrados, garantiam a saúde. A posição contrária aos saberes antigos e a defesa pública de que o verdadeiro conhecimento deveria ser apreendido da própria natureza fizeram com que Paracelso entrasse em choque com os acadêmicos da época. O confronto levou-o a queimar em praça pública diversos livros importantes em seu tempo, como os de Galeno (c.129-c.200), Avicena (980-1037) e Aristóteles (384-322 a.C.).

A vivência nas minas durante a infância motivou Paracelso a estudar diversas moléstias dos mineiros, dentre elas a tuberculose. A busca da cura fez com que acreditasse serem as doenças provocadas por agentes externos e estranhos ao organismo, que se apoderavam de suas partes e impunham suas normas e funções contra a vida. Assim, a moléstia localizava-se em partes específicas do corpo humano. Com esse novo olhar para as enfermidades, investigou-as a partir da tese de que as mudanças ocorridas nos corpos eram químicas. O enxofre, o sal e o mercúrio eram por Paracelso considerados os princípios ativos de todas as substâncias; a vida seria um grande laboratório químico no qual os princípios básicos se combinavam e reagiam para produzir saúde ou doença. O tratamento dos corpos, dessa forma, resultaria da ação química sobre o organismo. Paracelso procurou nas práticas alquímicas o caminho para obter esta ação. Acreditava que os alquimistas deveriam ultrapassar suas funções tradicionais, como a busca do prolongamento da vida e a transmutação de metais em ouro, e voltar sua atenção para a procura de substâncias úteis à cura das diferentes enfermidades. Dentre as possibilidades de tratamento já pesquisadas, a que julgava mais eficaz era aquela que consistia em dar ao enfermo doses ínfimas e controladas da mesma substância que supostamente invadira seu corpo e provocara o desequilíbrio, ou seja, a doença.

Apesar das críticas feitas contra as práticas de seu tempo, Paracelso empenhou-se também na busca do elixir da longa vida, aquele capaz de prolongar a existência dos homens. A medicina de Paracelso possuía um certo caráter místico, e algumas de suas ideias se difundiram pela Europa, influenciando muito os debates ocorridos nos séculos posteriores. Suas teorias foram absorvidas por correntes que buscavam questionar as práticas médicas tradicionais no século XVIII, dando origem à hoje denominada medicina homeopática. Além disso, o princípio da similitude – segundo o qual o tratamento se dava pela ingestão de pequenas quantidades da própria substância responsável pela moléstia – assemelha-se aos modernos métodos de vacinação.

A reforma da filosofia natural de Francis Bacon

O questionamento das doutrinas antigas não foi exclusividade de Paracelso. No século XVI, a problematização do saber tradicional ganhava cada vez mais força. Paralelamente a isso, a produção cultural sofria alterações, fosse com a presença de novas representações pictóricas, a partir do advento da perspectiva, fosse com os relatos de descobertas de novas plantas, animais e tipos humanos provenientes das terras que começavam a ser exploradas.

Nesse contexto, muitos filósofos naturais que se dedicavam a compreender o Universo incorporaram as inovações a seus trabalhos. O filósofo inglês Francis Bacon (1561-1626) foi um exemplo desse processo. Ele se interessou pelas novidades de seu tempo, tendo sido grande entusiasta de aparatos técnicos então recentemente descobertos, como a bússola, a prensa de tipos móveis e a pólvora.

Bacon viveu num momento em que a Inglaterra, país protestante, prosperava economicamente. Para lá migravam muitos artistas e técnicos, criando um ambiente que se poderia considerar o prolongamento do espírito do Renascimento italiano. Bacon exerceu cargos políticos importantes, que lhe deram condições para dominar a efervescência daquela cultura. Sua trajetória política teve momentos de glória. Em 1618 ocupou o mais alto posto do reino britânico, o de chanceler. Com o passar dos anos a situação da corte inglesa mudou, crescendo o descontentamento do Parlamento com a administração real. As críticas eram diretamente voltadas aos conselheiros do rei e principalmente ao chanceler. Bacon foi então acusado de suborno nos processos que julgara a respeito de autorizações para comércio e manufaturas, monopólios e patentes comerciais. Essas acusações fizeram-no perder todos os cargos e levaram-no à prisão. Mas por intervenção do rei permaneceu preso apenas alguns dias.

Em liberdade e sem uma fonte segura de renda, Bacon não conseguiu adaptar seus hábitos à nova vida, e sua fortuna diminuiu enormemente. Foi no momento de declínio político que produziu suas obras mais significativas para a ciência. Embora se dedicasse mais particularmente às questões relativas à natureza, tinha uma visão mais abrangente da atividade de investigação, defendendo que o conhecimento científico e técnico e seus avanços seriam os responsáveis pelo desenvolvimento econômico e pela grandeza política da Inglaterra.

Francis Bacon trabalhou com o pressuposto de que o homem só avançaria no entendimento a respeito da natureza e atingiria algo novo, se abandonasse as autoridades passadas e o método até então utilizado na construção do conhecimento. Isso porque, ao pensarem o saber exclusivamente como caminho de elevação da alma, da tranquilidade ou do prazer do espírito, os antigos não percebiam que a compreensão efetiva da natureza significava algo fundamental à existência humana.

Para superar a inoperância do saber tradicional, Bacon defendia que o filósofo natural deveria buscar novas práticas e novas políticas. Nesse caminho, apresentou um método para estudar a natureza: a investigação com base em experiências. Sua proposta não se resumia a simples observações e análises empíricas aleatórias. Por trás das experiências geradoras de conhecimento haveria necessariamente um método sistemático para guiar a busca, o aprimoramento e a expansão daquilo que era investigado. O método a ser seguido deveria permitir ao filósofo natural inquirir a natureza, obrigando-a a responder às perguntas que se havia colocado. Como num tribunal, a natureza seria o réu, e os filósofos naturais, os promotores; por meio de questionamentos, estes levariam a natureza a lhes revelar a verdade.

Outro ponto destacado por Bacon era a necessidade de os filósofos naturais registrarem tanto os passos seguidos quanto os resultados alcançados. Esse procedimento era necessário, segundo ele, uma vez que permitia a troca de informações entre os autores de experiências em diferentes campos do conhecimento. Essa reunião de diversos saberes possibilitava um aperfeiçoamento do que já fora produzido, ao mesmo tempo que inspirava novas experiências capazes de produzir compreensões inéditas. Dessa forma, Bacon não pensou a ciência como um conhecimento elaborado por um sábio ou por um gênio isolado que fora iluminado por obra divina. Para ele, a ciência seria construída necessariamente pelo inventor ou pesquisador que estivesse interagindo de modo permanente com seus pares, acrescentando novidades ao saber já construído.

Francis Bacon propôs, então, um método de estudo da natureza em que o filósofo natural se colocava na posição de investigador. Como tal, ele partiria de fatos concretos, aqueles revelados na experiência, avançando em generalizações de formas mais globais, num processo ascendente, capaz de permitir a formulação de leis e o estudo das causas dos fenômenos investigados.

Esse método de investigação foi resultado das análises e dos questionamentos realizados sobre a filosofia escolástica, pautada nos ensinamentos de Aristóteles e Platão. Bacon criticava as especulações teóricas daquela filosofia, principalmente porque ela representava um estudo desinteressado em relação à natureza.

Ao contrário dos escolásticos, os alquimistas, com os objetivos claros de realizar experiências, eram elogiados por Francis Bacon. Ele incorporou em seu trabalho alguns dos ensinamentos dos alquímicos, como por exemplo a exploração de conhecimentos práticos e a possibilidade de intervir na natureza com manipulações de substâncias. Esse olhar complacente para a alquimia encontrava eco num contexto no qual tanto aquele conhecimento quanto o saber dos engenheiros encontravam cada vez mais destaque e prestígio. A alquimia, apesar de mágica, não era vista como algo sobrenatural e divino. Seria apenas uma possibilidade de, por meios ocultos, alcançar feitos não possíveis sem as técnicas apropriadas.

Bacon na verdade explorava um modo experimental de investigar, já utilizado para propor uma reforma da filosofia da natureza, podendo por isso ser considerado o primeiro filósofo natural a clamar pelo método experimental como caminho mais eficaz para se adquirir conhecimento sobre o mundo.

Apesar disso, Bacon fazia ressalvas ao trabalho dos alquimistas. Haveria naquela prática uma limitação imposta pelo fato de que eles realizavam suas experiências de forma aleatória, sem a preocupação de inquirir a natureza e, portanto, de ordenar os dados ali coletados. Para Bacon, ao abdicarem de um método claro de investigação, os alquimistas conseguiam apenas catalogar fatos naturais. Todos os fenômenos fora da catalogação estavam presos a uma ordem divina e previamente estabelecida, sem corresponder necessariamente ao que se havia analisado empiricamente. Dessa forma, acreditava faltar-lhes um método de descoberta e aperfeiçoamento que guiasse de modo sistemático suas buscas e garantisse a melhoria e a expansão daquilo que era pesquisado.

Em suas críticas, Francis Bacon propagava que o verdadeiro conhecimento era aquele que proporcionava aos homens meios vigorosos e eficazes de conquistar poder sobre a natureza. O estudo da natureza, para ter eficácia, deveria ir além das experimentações que mostrassem aplicações diretas. Era necessário ampliar a análise ao que produz e regula a natureza, procurando compreendê-la em sua integralidade, para ser capaz de dominá-la.

Mesmo não negando completamente as análises matemáticas para o estudo dos fenômenos naturais, Bacon rejeitou as abstrações especulativas – como aquelas definindo que os corpos em movimento seriam entidades geométricas movimentando-se em espaços também geométricos.

Na obra inacabada *A grande instauração*, Bacon pretendia indicar todos os meios necessários para a desejada reforma da filosofia natural. Esse trabalho se dividiria em seis grandes partes:

- Divisão das ciências
- Direções a respeito da interpretação da natureza
- O fenômeno do Universo, ou uma história natural e experimental dos fundamentos da filosofia

- A escada do intelecto
- O mensageiro, ou antecipações da nova filosofia
- A nova filosofia ou ciência ativa.

Em 1620 foi publicada, sob o título Grande Instauração, a indicação metodológica referente à parte 2, que foi chamada *Novo Organum*. O nome era uma referência ao título – *Organum* – dado a um conjunto de livros de lógica e método de Aristóteles usados nas universidades no tempo de Bacon. Nessa obra ele descrevia o que considerava ser um método preciso e eficaz de construção da ciência, com indicação dos procedimentos a serem seguidos para estabelecer e interpretar os saberes dos homens a respeito do mundo natural.

A exaltação das novas descobertas técnicas no *Novo Organum*

"Vale recordar a força, a virtude e as consequências das coisas descobertas, o que em nada é tão manifesto quanto naquelas três descobertas que eram desconhecidas dos antigos, e cujas origens, embora recentes, são obscuras e inglórias. Refiro-me à arte da imprensa, à pólvora e à agulha de marear. Efetivamente essas três descobertas mudaram o aspecto e o estado das coisas em todo o mundo: a primeira nas letras, a segunda na arte militar e a terceira na navegação. Daí se seguiram inúmeras mudanças, e essas foram de tal ordem que não consta que qualquer império, seita ou astro tenham tido maior poder e exercido maior influência sobre os assuntos humanos que estes três inventos mecânicos."

(Bacon, *Novo Organum I*, Aforismo)

Apesar da clareza da proposta, não podemos deixar de considerar que o caminho estabelecido por Bacon não era um método secular, totalmente alheio a preceitos divinos. Como filósofo de seu tempo, ele fazia presente em sua obra a magia e a religião. Defendeu por exemplo que o fim do mundo estaria próximo, sendo extremamente necessária a reforma da natureza; com isso ela cresceria mais rapidamente, cumprindo seu papel no dia do Julgamento Final.

No fim da vida, Bacon iniciou uma obra intitulada *Nova Atlântida*, em que expunha o que julgava ser uma sociedade perfeita. Nela descreveu um Estado imaginário, no qual a felicidade reinava graças a essa estrutura social própria. Quem comandava o Estado não eram as instituições políticas, mas um órgão, a Casa de Salomão, dedicado ao desenvolvimento do conhecimento científico. Na Casa de Salomão viviam e trabalhavam os sábios da Nova Atlântida, com o mero intuito de compreender as causas e os movimentos das forças interiores da natureza, de maneira a estender o conhecimento da humanidade a tudo o que fosse possível.

Com esse trabalho que também ficou inacabado, Bacon desejava mostrar que a harmonia e o bem-estar dos homens, enfim, a felicidade, estariam assegurados pelo controle científico sobre o mundo; consequentemente, pela facilitação vinda da aplicação do conhecimento científico à vida cotidiana. Nesse sentido, na Nova Atlântida, os homens eram felizes, pois viviam num Estado orientado e dirigido por aqueles que se destinavam a estudar sistematicamente o Universo. Assim, Bacon apresentava sua certeza de que era mais importante dominar a natureza do que governar os homens.

Em 1626, desejando entender quanto tempo o frio preservava a carne, Bacon realizou experimentos recheando uma galinha com neve. Nesse procedimento se expôs de tal forma ao frio que contraiu uma enfermidade fatal.

O experimento desenvolvido por Francis Bacon não deu grandes contribuições às explicações sobre o Universo. Os resultados obtidos não criaram leis satisfatórias. Do trabalho construído por esse filósofo natural, nada restou para os manuais modernos. Porém isso não significou que sua obra tenha sido em vão. Bacon apresentou um novo modo de estudar a natureza que deixou marcas. Muitos que no século XVII trabalharam com a ciência assumiram o caminho de investigação da natureza apontado por ele, libertando-se das autoridades intelectuais passadas. Buscaram também construir experimentos que lhes permitissem compreender os fenômenos naturais dos quais tratavam. Apesar da dimensão do trabalho de Francis Bacon, nem todos os filósofos naturais que optaram por um caminho mais ligado à realização de experiências nele se inspiraram. Porém, o ambiente europeu daquela época já estava contaminado pelo ideal da ciência baconiana.

A reforma da filosofia natural de René Descartes

A busca de um método para construir um conhecimento eficaz a respeito da natureza, longe das tradições do passado, foi também uma preocupação do filósofo francês René Descartes (1596-1650). Assim como Bacon, ele defendia ser verdadeira aquela ciência que fosse útil à humanidade. Para Descartes, uma das metas específicas do conhecimento científico era a invenção de artefatos que permitissem ao homem gozar de todos os frutos da agricultura e de toda a riqueza da terra, sem trabalhar. Acreditava ainda que, por meio do avanço da filosofia natural, a medicina poderia eliminar as enfermidades do corpo e da mente, além dos males da velhice.

Apesar do desejo comum de reformar a filosofia natural, Descartes e Bacon apresentaram propostas distintas. Enquanto o primeiro deu prioridade às investigações experimentais, o segundo assumiu que o conhecimento seguro seria aquele fundado no pensamento racional abstrato da matemática, de forma que todas as proporções e teorias estivessem de acordo com o raciocínio da lógica.

René Descartes estudou no conceituado colégio La Flèche, situado em Anjou, na França. Esse era um estabelecimento de ensino jesuíta, inaugurado em 1604, dois anos antes do ingresso de Descartes. No La Flèche, o latim era a única língua admitida, e o ensino abrangia diferentes práticas. Aos alunos era ditado um texto, que posteriormente liam e comentavam. Regularmente ocorriam as chamadas *repetitiones*, sempre presididas por um aluno. Nelas, os estudantes faziam um resumo das aulas assistidas naquele dia, para em seguida discutir as dificuldades apresentadas pelo material trabalhado. Aconteciam ainda debates, com a presença de um professor, em que se defendiam e refutavam teses.

Muitos textos da Antiguidade eram utilizados nas leituras. Considerados na condição de fontes fundamentais à preparação dos cristãos instruídos, não havia preocupação em situá-los no contexto de sua elaboração. Dessa forma, estudavam-se fragmentos de originais antigos que mostrassem ideias convergentes com o pensamento cristão. A leitura e explicação dessas obras eram ainda completadas por repetições, com o propósito de afastar quaisquer dúvidas das mentes dos aprendizes.

As disciplinas de gramática, retórica e dialética eram ministradas de forma a acostumar a mente à contemplação das ideias e da realidade por meio exclusivo do pensamento. Contrapunha-se essa forma de apreensão da realidade com as que tivessem por base a percepção dos sentidos. As noções recebidas dos textos antigos eram complementadas com informações sobre direito, geografia, história e outras áreas afins. Num momento posterior, os alunos estudavam eloquência, poesia e teologia. Por último vinham as ciências, naquele momento denominadas genericamente pelo termo filosofia: lógica, física, metafísica, moral, medicina e jurisprudência.

Mesmo pautando o ensino nos textos antigos, os jesuítas do colégio La Flèche comungavam com o espírito da época, valorizando as novidades surgidas em seu tempo, fossem elas ligadas à ciência ou não.

Ao longo de sua formação, Descartes se encantou pela matemática. Esse entusiasmo traduziu-se em contribuição ao desenvolvimento vivido pela álgebra naquele contexto. Descartes operou uma transformação no modo como até então esse conhecimento era empregado. A tradição antiga propunha a resolução de qualquer problema aritmético ou algébrico por intermédio da geometria. Descartes mostrou ser possível unificar álgebra e geometria. Vislumbrou a descrição de uma curva geométrica por meio de uma equação algébrica e também a possibilidade de, a partir de uma equação algébrica, construir uma curva geométrica capaz de descrevê-la.

Seu interesse pela matemática se relacionava ao fato de acreditar que esta disciplina apresentava apenas ideias claras e distintas, uma vez que seus conceitos eram concebidos por todos da mesma forma, independentemente dos sentidos. Percebia uma objetividade nítida por trás dos conceitos expressos por números e medidas. Essa nitidez da matemática se confrontava com as ideias apresentadas por pessoas inteligentes e conceituadas em textos e debates a respeito do conhecimento humano, nos quais propostas contraditórias eram igualmente defendidas. Assim, o conhecimento construído pela humanidade até aquele momento, longe da objetividade da matemática, parecia a Descartes constituir um conjunto muito confuso e caótico, repleto de opiniões diferentes e inseguras. Esse sentimento fez com que defendesse a ideia de que as especulações filosóficas não tinham utilidade prática, não traziam entendimento seguro sobre o Universo e, portanto, não demonstravam ter serventia para os homens.

O ceticismo de Descartes com relação ao conhecimento tradicional, como já ressaltamos, tinha eco naquele contexto. A época em que ele se formou foi um tempo de incertezas. As verdades aceitas ao longo de séculos como explicações inquestionáveis para o cosmo estavam, como muitas outras, sendo problematizadas. Novas formas de organização espacial, econômica, social, política e cultural mostravam que um novo mundo era possível. Dentro desse ambiente de interrogação crescia uma desconfiança diante do conhecimento estabelecido.

Descartes insistia em que, apesar de as ciências serem múltiplas, o método a elas inerente era único. Esse método espelharia o acordo fundamental que ele defendia existir entre as leis matemáticas e as da natureza. Assim, para se estudar com eficácia a natureza, devia-se seguir o caminho da matemática e começar com simples intuições, progredindo por meio de deduções, do mais simples ao mais complexo teorema.

O Universo-máquina

No caminho da dedução, Descartes operou uma grande mudança na física em relação a Aristóteles. Ao tomar o pensamento racional matemático como o guia mestre, considerou a extensão e o movimento como os únicos princípios relevantes para a explicação do mundo. Para ele não haveria entidades ocultas na natureza, sendo esta um contínuo de matéria totalmente redutível a partículas diminutas, cuja relação entre si seria explicada em termos mecânicos quantificáveis. Como associava a matéria à extensão, Descartes rejeitava o espaço vazio. Para fundamentar essa defesa, precisou explicar o que existiria entre as partículas que supôs constituir o Universo. Respondeu ao problema, supondo haver uma matéria sutil, capaz de preencher todo o espaço.

Descartes construiu, dessa forma, uma ciência na qual todas as transformações do mundo eram explicadas a partir do movimento das pequenas partes constituintes dos corpos estudados. Estavam incluídas nessa proposta tanto as modificações relativas às alterações de velocidade, posição e forma, como aquelas relacionadas a características qualitativas das substâncias, como cor, odor etc. A natureza fora dessa forma concebida, não como um organismo vivo e mágico, mas como uma máquina, dotada apenas de matéria e movimento. Nesse sentido, ele procurou

Os vórtices

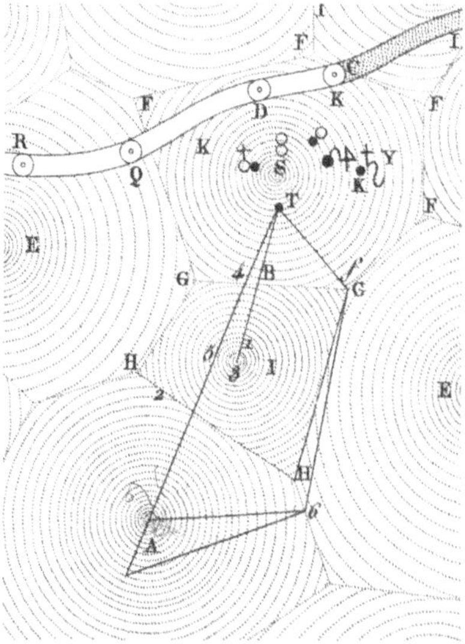

DR

Representação dos vórtices

A matéria que Descartes propôs para preencher todo o espaço era única, porém variava de tamanho, estando arrumada em redemoinhos, os vórtices. No universo de Descartes havia um certo número contínuo de vórtices, cada qual com um Sol ou uma estrela no centro e planetas girando a seu redor.

explicar todo o universo por meio de causas puramente físicas, autônomas com relação à mente e ao pensamento. No estudo dos seres vivos, reduziu todas as funções animais e humanas a ações mecânicas, como as de uma máquina.

Apesar de propor um caminho dedutivo e racional para a compreensão do Universo, a ciência de Descartes se abria à técnica, possibilitando o entendimento de como modificar os mecanismos naturais. Ao perceber a natureza como uma grande máquina – na qual a interação das pequenas partes seria capaz de explicar o funcionamento global, ele aboliu de seu pensamento a divisão existente entre mecanismos naturais e artificiais.

Além das diferenças apontadas, afastou-se de Bacon, ao defender que o trabalho de um único indivíduo seria mais produtivo que o de um grupo. Uma única pessoa seria capaz de traçar o plano e lançar as bases da verdadeira ciência, unificando todos os conhecimentos humanos a partir de bases seguras, construindo um edifício científico plenamente iluminado pela verdade e feito de certezas racionais. Como acreditava ser ele o indivíduo apto a indicar o conhecimento autêntico, Descartes procurou fundar uma ciência unificada, capaz de explicar todos os efeitos por suas causas e com condições de demonstrar a priori tudo o que poderia ser produzido nesse mundo. Não se satisfez, entretanto, com a simples descrição dos fenômenos estudados. Buscou alcançar leis que, relacionando o movimento, a partir das interações e forças entre as partes, apresentassem proporções matemáticas efetivamente reveladoras da essência das coisas.

Para Descartes, Deus era uma ideia clara e precisa da mente humana, da qual tudo dependia. Sem Deus o homem não poderia acreditar em qualquer acontecimento observado. Só Ele seria capaz de garantir que os sentidos não eram meras ilusões, e a vida, algo real. Deus esteve presente de forma decisiva na física cartesiana, de tal modo que esta foi por ele apresentada com base na inflexibilidade e imutabilidade do Criador. Essa invariância fez com que a lei suprema de Descartes fosse a de conservação da quantidade de movimento das partículas que constituem o Universo.

Os animais e as máquinas em Descartes

"O que não parecerá de modo algum estranho a quem – sabendo quão diversos autômatos ou máquinas móveis a indústria dos homens pode produzir, sem empregar nisso senão pouquíssimas peças, em comparação à grande multidão de ossos, músculos, nervos, artérias, veias e todas as outras partes existentes no corpo de cada animal – considerará esse corpo como uma máquina que, tendo sido feita pelas mãos de Deus, é incomparavelmente mais bem ordenada e contém movimentos mais admiráveis do que qualquer das que possam ser inventadas pelos homens."

(Descartes, *Discurso do método*, quinta parte)

Galileu Galilei: a síntese matemático-experimental

Nos estudos dos movimentos dos corpos celestes e terrestres, nos trabalhos com animais, plantas e homens, o olhar experimental e matemático para os fenômenos naturais se fez presente no século XVII na voz de diferentes filósofos naturais. Muito do que construímos hoje na ciência está pautado na herança deixada por esses filósofos, personagens que, com seus trabalhos, mostraram novas formas de produzir conhecimento a respeito da natureza. Nesse panorama, o italiano Galileu Galilei merece destaque.

Galileu estudou medicina, mas foram as interrogações a respeito da física que mais lhe encantaram. Seus trabalhos apresentaram ideias distantes daquelas tradicionalmente aceitas em sua época. Ele se contrapunha aos ensinamentos de Aristóteles e apresentou suas teses em obras escritas na forma de diálogos, envolvendo três personagens: um defensor de Aristóteles, um representante das ideias do próprio Galileu e um homem culto do povo, sem posições fechadas, capaz de compreender a verdade apresentada.

Galileu utilizou-se do pensamento matemático e experimental para se contrapor à ordem estabelecida. Apesar da forte presença do raciocínio experimental em sua ciência, ele não foi um experimentador como Francis Bacon. Não acreditava que a natureza seria revelada ao homem exclusivamente por meio de exaustivas experiências. Seu modo de estudá-la era um pouco mais complexo. Ao pensar em realizar experimentos, Galileu não desejava simplesmente coletar dados. Procurava também analisar o fenômeno estudado, de forma a elaborar uma análise quantitativa que mostrasse relações matemáticas entre as diferentes grandezas escolhidas para investigá-lo. Ao contrário de Bacon e Descartes, não dava prioridade à abstração matemática em relação à experimentação. Mas apresentou um trabalho em que mais claramente o encontro dos saberes matemáticos nascidos no comércio com os métodos experimentais provenientes do mundo técnico se fazia presente na construção de um conhecimento eficaz a respeito da natureza. Galileu propôs então uma outra epistemologia, tentando mostrar que uma ciência nova surgia baseada na experimentação sobre a natureza e na utilização da matemática como forma de compreender a realidade empírica. Dessa forma, situações concretas foram mescladas a problemas abstratos.

A utilização da matemática e da experimentação deu outro caráter à ciência que se estabelecia no século XVII, pois fazia com que o estudo da natureza se fizesse em bases completamente diferentes das que até então se desenvolviam. O papel da matemática no estudo dos fenômenos naturais era fornecer um instrumento idôneo para a descrição da experiência e formular com clareza as leis obedecidas pelos fenômenos empíricos.

Ao longo do século XVII, os filósofos naturais estudaram o cosmo, dialogando direta ou indiretamente com os personagens que se dedicaram a estabelecer um caminho eficaz para se conhecer o Universo. Nesse contexto, ora desenvolveram trabalhos mais voltados para as abstrações matemáticas, ora pautados em investigações experimentais. Porém, tanto num enfoque quanto no outro, uma nova ciência se construía, surgia um novo olhar para a natureza. Assim, as tradições medievais ficavam cada vez mais longínquas, e o mundo de novidades tornava-se cada dia mais fascinante.

3

A CONSTRUÇÃO DE UMA NOVA CIÊNCIA

O céu e a Terra

O século XVI viu nascer uma nova astronomia que trouxe diversas mudanças para a história da humanidade.

De um modo geral estamos acostumados, após anos de escolaridade formal, a tomar como absolutamente natural que a Terra se encontra em movimento em torno do Sol. Apesar disso, é difícil apresentar argumentos que sustentem essa ideia. Nenhum de nós sente o movimento da Terra, e todos observamos o aparente movimento diurno do Sol no céu, tanto que falamos em nascer e pôr do sol. Essas rápidas considerações servem para dimensionar as dificuldades enfrentadas pelos estudiosos que construíram uma nova astronomia a partir do século XVI, ao sustentar a mobilidade da Terra e o repouso do Sol.

Podemos nos perguntar, no entanto, por que alguns astrônomos passaram a acreditar que a Terra tinha movimentos de rotação e revolução sem que houvesse qualquer comprovação empírica para isso?

A resposta a essa pergunta não é simples e nos obrigará a percorrer um longo caminho, até que possamos entender como e por que o novo sistema produziu tão grandes transformações na forma como o homem passou a interpretar o Universo e a si próprio.

De Ptolomeu a Copérnico

Durante aproximadamente treze séculos, do século II até o início do XVI, o sistema geocêntrico de Ptolomeu, sustentado pela física de Aristóteles, serviu como guia para que os homens da Europa ocidental se localizassem no mundo. Essa orientação teve dois sentidos distintos, mas que estavam intimamente ligados. O primeiro refere-se a uma questão observacional e técnica, pois foi a partir do sistema ptolomaico que, por exemplo, se empreenderam as navegações pelos oceanos. O segundo sentido baseava-se no fato de que o sistema geocêntrico servia de guia transcendental para o homem do Ocidente, uma vez que se ajustava bem à ideia da Terra como local privilegiado do Universo, aquele em que Deus colocou sua criatura perfeita, o homem, feita a sua imagem e semelhança, para contemplar as maravilhas de sua criação.

Cabe uma ressalva importante. Estaremos nos referindo todo o tempo a sistema geocêntrico e sistema heliocêntrico, como consta na bibliografia especializada. Devemos contudo destacar que deveríamos falar em geo e helioestáticos, pois, em cada um deles, a Terra e o Sol não se encontram exatamente no centro, mas estão em repouso.

Esse sistema aristotélico-ptolomaico era dividido em dois mundos incomunicáveis, regidos por leis completamente diferentes. Uma das forças do sistema de Ptolomeu era o fato, nada desprezível, de ter uma física que lhe dava coerência. A física aristotélica afirmava que os corpos pesados caíam em direção à Terra, pois o elemento terra, do qual eles seriam basicamente constituídos, encontrava-se no centro do Universo, ocupado por ela. Ao mesmo tempo também era possível perceber uma enorme constância nos corpos celestes e seus movimentos, o que também se explicava pela física aristotélica, que atribuía ao éter – elemento do qual eram compostos todos os corpos celestes – a perfeição e a característica de se mover segundo trajetórias circulares.

Sendo assim, o sistema aristotélico-ptolomaico sustentava-se pelas observações, pela percepção imediata do céu e também por sua coerência, que possibilitava dar uma ordem, não só aos fenômenos celestes, mas também aos terrestres. Dessa forma, não foi um empreendimento fácil a adoção de um sistema heliocêntrico – como também não era apenas por questões religiosas que os medievais se apegavam ao geocêntrico.

O astrônomo polonês Nicolau Copérnico (1473-1543) foi responsável pelo nascimento da nova astronomia. Sabemos que ele não foi o primeiro a colocar o Sol em repouso, com os planetas em movimento a seu redor. Apesar disso, sua obra teve grande impacto pela repercussão e novas questões que apresentava num momento histórico, no qual a ordem estabelecida já não era mais plenamente aceita.

A hipótese heliocêntrica foi usada por Copérnico desde o início de seus trabalhos. Já em *Commentariolos* [Pequenos comentários], de 1510, o sistema aparecia como a melhor forma para interpretar o Universo. Entretanto não podemos dizer que o sistema copernicano era superior ao ptolomaico. As previsões astronômicas de ambos eram praticamente equivalentes, de tal forma que, num primeiro momento, o sistema de Copérnico não trouxe vantagens para o cotidiano da astronomia.

Alguns fatores devem ser levados em consideração para entendermos as motivações de Copérnico na defesa de um novo sistema. Ele construiu um modelo mais simples, que necessitava de menos recursos geométricos do que o de Ptolomeu. Parecia também estar impregnado de um certo culto ao Sol como divindade, algo muito comum durante o Renascimento. Tanto assim que em uma passagem famosa de sua principal obra, *De revolucionibus* (A revolução dos corpos celestes), só publicada em 1543, ele apresentava mais argumentos metafísicos do que observacionais. Esses fatos aliaram-se às novidades oriundas das grandes navegações. No século XVI, a Terra mostrava-se aos europeus muito mais ampla e diversa, uma vez que os navegadores haviam trazido à luz registros de novos locais, novos povos, fauna e flora, tirando a Europa e Roma do centro do mundo.

O sistema copernicano impunha mudanças significativas na máquina do Universo. O movimento dos astros deixava de estar ligado ao primeiro motor aristotélico, situado além da esfera das estrelas fixas, e passava a depender da distância dos planetas com relação ao Sol. Fora isso, ao colocar a Terra longe do centro do Universo, apenas como um simples planeta, Copérnico impunha uma revisão na física aristotélica. Os corpos pesados continuavam caindo em direção à Terra, mas esta não estava mais no centro. Era preciso, então, para aceitar o sistema copernicano, admitir que a Terra era o centro de sua própria gravidade, uma vez que a queda dos corpos não se dava mais para o centro do Universo, agora ocupado pelo Sol.

Copérnico e o rei Sol

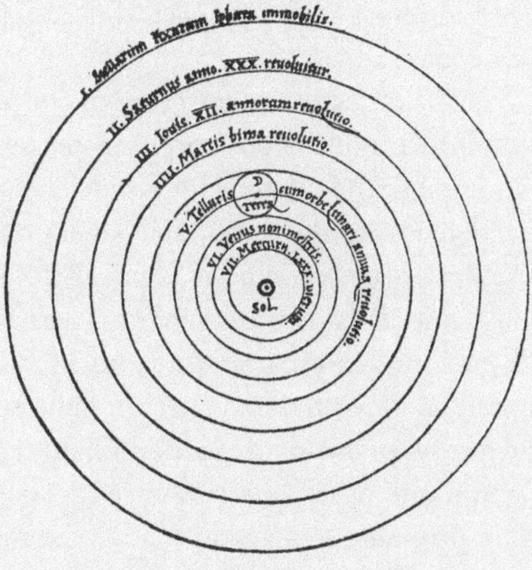

Esquema simplificado do sistema copernicano

"No meio de todos encontra-se o Sol. Ora, quem haveria de colocar neste templo, belo entre os mais belos, um tal luzeiro, em qualquer outro lugar melhor do que aquele de onde ele pode alumiar todas as coisas ao mesmo tempo? Na verdade, não sem razão, foi ele chamado o farol do mundo, por uns, e, por outros, a sua mente, chegando alguns a chamar-lhe o seu governador. Trimegisto apelidou-o de Deus visível, e Sófocles, em *Electra*, de vigia universal. Realmente o Sol está como que sentado num trono real, governando a sua família de astros que giram à volta dele."

(Copérnico, *De revolucionibus*)

Esses fatores dificultaram a aceitação do sistema de Copérnico, pois não se tratava apenas de trocar a Terra pelo Sol. Tal mudança implicava a construção de uma nova física, de explicações para diversos fenômenos já justificados pela ciência aristotélica da época.

Copérnico não conseguiu estabelecer um conceito de gravidade que explicasse a queda dos corpos. Esse conceito ainda demoraria a ser construído com clareza suficiente até superar a hipótese aristotélica de lugar natural. Não era fácil aceitar o sistema de Copérnico sem questionar a física aristotélica. Assim, os adeptos do heliocentrismo buscavam uma teoria dinâmica e da gravidade para um Universo centrado no Sol.

Os argumentos apresentados anteriormente servem para nos mostrar que as primeiras reações ao heliocentrismo de Copérnico não foram apenas de cunho religioso. O copernicanismo só foi proibido a partir de 1616, e durante o século XVI raros eram os religiosos católicos que tinham objeções ao sistema centrado no Sol. Na realidade o papa Clemente VII teve contato com as ideias de Copérnico por meio de seu secretário particular, Johannes Albrecht von Widmanstadt, que fez exposições em 1533 sobre aquela teoria para toda a cúria romana. O papa Paulo III, que sucedeu Clemente VII, incentivou Copérnico a prosseguir com seus trabalhos, sendo que o cardeal Nicolau Shonberg chegou a escrever ao astrônomo em 1536, pedindo que enviasse um manuscrito de seu livro (*De revolucionibus*) para ser publicado com o aval da Igreja.

Esses dois papas foram responsáveis pela encomenda da pintura da capela Sistina, executada por Michelangelo entre 1536-1541, mas contratada em 1533. Ao que parece, a parte relativa ao Juízo Final teve uma forte influência do heliocentrismo. Cristo está associado ao Sol, colocado no centro do Universo, com todas as outras figuras como que girando a seu redor.

Detalhe da capela Sistina

Michelangelo, capela Sistina

Michelangelo fez o teto da capela Sistina sob influência dos debates em torno do heliocentrismo. Percebe-se que atrás de Cristo está pintada uma figura (amarelada no original) que representa o Sol.

As primeiras reações contrárias ao trabalho de Copérnico vieram dos protestantes. Tanto Calvino como Lutero acusaram o heliocentrismo copernicano de ser contrário às Sagradas

Escrituras. Devemos notar, inclusive, que o autor do prefácio apócrifo do livro de Copérnico foi o teólogo luterano Andreas Osiander, que, à revelia de Copérnico, incluiu um texto afirmando que as hipóteses contidas no *De revolucionibus* eram apenas para facilitar os cálculos, e não pretendiam ser a verdade sobre o Universo. No século XVII as posições se inverteram, e os católicos passaram a condenar o heliocentrismo, colocando o livro de Copérnico no Índex, enquanto os protestantes passaram a aceitá-lo.

Precisão e matemática: Tycho Brahe e Kepler

As tabelas astronômicas utilizadas até o século XV para determinar as posições dos corpos celestes necessitavam de constantes correções. As chamadas tabelas afonsinas, de 1563, baseadas em observações de astrônomos árabes e muito utilizadas no estudo de fenômenos celestes no século XVI, continham erros de previsão de até um mês. Esses erros tinham de ser corrigidos periodicamente. O astrônomo dinamarquês Tycho Brahe (1546-1601) alterou essa prática, buscando fazer observações que permitissem previsões futuras sem necessidade de correções constantes.

Tycho foi um dos maiores astrônomos de todos os tempos. Suas observações eram muito cuidadosas e tinham enorme precisão. Elas foram fundamentais para a aceitação futura e definitiva do heliocentrismo, apesar de o astrônomo não aceitar esse sistema em sua totalidade. Dentre suas observações está a do aparecimento de uma supernova em 1572, na constelação de Cassiopeia. Por ser um fenômeno passageiro, o registro colocou em xeque a imutabilidade aristotélica do céu.

Supernova

Uma supernova é a explosão de uma estrela gigante que aumenta repentinamente de brilho, graças a reações ocorridas em seu interior, lançando matéria para fora. Depois esse brilho vai enfraquecendo lentamente. A supernova observada por Tycho ficou visível no céu por dezessete meses.

A observação desse fenômeno juntou-se à de um cometa, em 1577. Tycho Brahe foi capaz de determinar que a órbita do cometa se situaria próxima de Vênus, ou seja, acima da órbita da Lua, caso adotássemos o sistema ptolomaico. Esses fatos fizeram com que Tycho se visse obrigado a abandonar a tese aristotélica de que os corpos celestes estariam fixos em esferas cristalinas e, ao girarem em torno da Terra, carregariam os planetas e as estrelas. Ele teve que trabalhar com a ideia de órbitas planetárias, segundo a qual os planetas não mais estariam fixos a nada.

Ao realizar observações precisas do movimento dos planetas e das estrelas, Tycho percebeu que o sistema de Ptolomeu a elas não se ajustava. Entretanto, o sistema de Copérnico também não lhe parecia conveniente. Um dos fortes argumentos contra o movimento da Terra era que, caso ele existisse, deveríamos observar um desvio angular das estrelas, chamado paralaxe. Mas ele nunca observara desvio algum.

A paralaxe deveria acontecer, pois, ao observarmos as estrelas da Terra com seis meses de intervalo, deveríamos vê-las em posições diferentes. Podemos perceber o que tinha de acontecer mirando um dedo da mão com o braço esticado; fechamos um olho; depois abrimos esse olho e fechamos o outro; vemos que a posição do dedo parece mudar; quanto mais próximo o dedo estiver de nossos olhos, mais significativo é o fenômeno; de maneira inversa, quanto mais afastado, menos significativo é o desvio. Com as estrelas deveria acontecer a mesma coisa, visto que o observador da Terra estaria em posição "diferente" em relação à estrela, decorridos seis meses da observação inicial.

Como Tycho não determinou qualquer paralaxe, ele propôs um sistema intermediário: a Terra estaria em repouso, com a Lua e o Sol girando a seu redor, enquanto os planetas girariam em torno do Sol.

A tentativa de Tycho Brahe não teve muita repercussão, pois o sistema que construiu também não se adaptava ple-

Modelo de Tycho Brahe

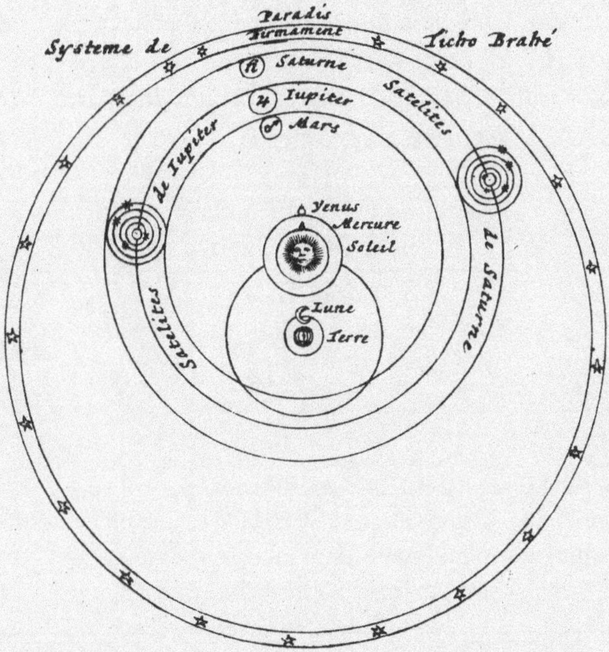

O modelo de Tycho Brahe é um misto dos modelos geocêntrico e heliocêntrico: a Terra permanece imóvel; a Lua e o Sol giram a seu redor; só que os planetas estariam girando em redor do Sol.

namente aos dados observados. Foi nesse cenário que surgiu o astrônomo alemão Johannes Kepler (1571-1630), um copernicano de primeira hora que trabalhou fervorosamente com as tabelas astronômicas após a morte de Tycho. A partir desses dados conseguiu elaborar três leis para o movimento dos planetas.

Kepler era um grande místico que acreditava na harmonia da natureza. Para ele a matemática seria a chave para desvendar os mistérios do cosmo. Desse modo, um de seus primeiros modelos planetários relacionava as órbitas dos planetas com os cinco sólidos regulares da geometria.

Os sólidos regulares

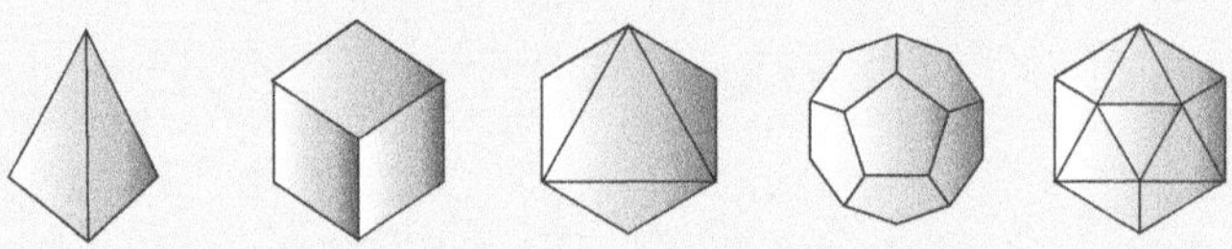

Os sólidos regulares têm faces formadas por polígonos de lados iguais, como quadrados e triângulos equiláteros. Eles têm quatro, seis, oito, doze e vinte faces, e são conhecidos como tetraedro, cubo, octaedro, dodecaedro e icosaedro.

Segundo Kepler não era por acaso que só existiam seis planetas (na época só se conheciam seis planetas: a Terra e mais os cinco que podem ser vistos a olho nu). Nos intervalos (cinco) entre as órbitas dos planetas sempre se poderia representar um sólido regular. Como Kepler jamais conseguiu ajustar esse modelo aos dados de Tycho Brahe, acabou abandonando-o e passou a trabalhar com outras hipóteses.

Ao tomar o Sol verdadeiro – e não apenas um ponto geométrico a ele associado – como o ponto comum às órbitas

Modelo de sólidos de Kepler

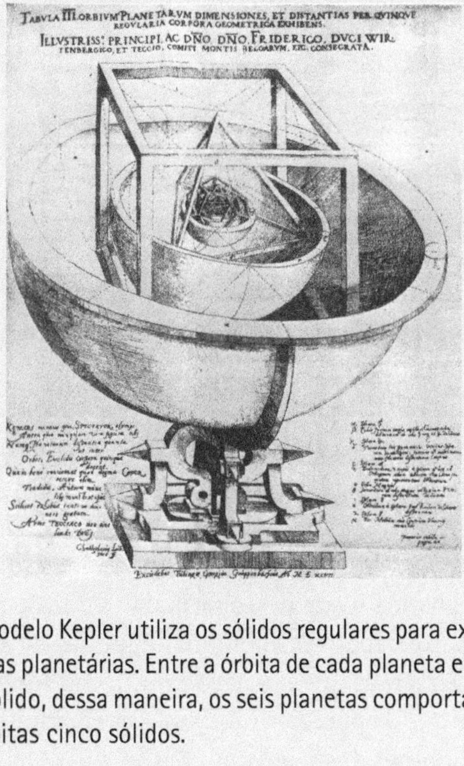

Nesse modelo Kepler utiliza os sólidos regulares para explicar as distâncias planetárias. Entre a órbita de cada planeta encontra-se um sólido, dessa maneira, os seis planetas comportam entre suas órbitas cinco sólidos.

planetárias, Kepler começava a introduzir, ainda que inconscientemente, uma dinâmica no sistema heliocêntrico. Essa dinâmica era necessária para explicar, entre outras coisas, a queda dos corpos – o que, com o deslocamento da Terra, passara a ser um sério problema desde Copérnico.

Kepler considerou em suas pesquisas iniciais dois pressupostos aristotélicos para os movimentos celestes: a perfeição do círculo e a ideia de que os planetas moviam-se com velocidades constantes ao longo de suas trajetórias. Após trabalhar freneticamente sobre os dados deixados por Tycho Brahe, Kepler abandonou suas considerações iniciais e conseguiu elaborar duas leis que mudaram definitivamente a forma de explicar o movimento dos planetas.

As duas primeiras leis diziam exatamente o contrário das hipóteses clássicas: os planetas apresentam órbitas em forma de elipse, com o Sol ocupando um de seus focos; e têm velocidades variáveis ao longo da órbita, sendo mais velozes quanto mais próximos estiverem do Sol.

Kepler não parou nessas duas leis. Após mais dez anos de trabalho elaborou uma terceira, pela qual estabeleceu uma relação matemática entre o período de translação dos planetas e o raio de suas órbitas.

O personagem de Kepler foi bastante contraditório. Apesar de místico obstinado na descoberta da perfeição matemática da natureza, foi capaz de abandonar algumas de suas crenças metafísicas, à medida que elas não se ajustavam aos dados observacionais de que dispunha – e que sabia serem muito confiáveis, por terem sido obtidos por Tycho Brahe.

Em sua obra Kepler apresentou uma nova causalidade. Concebeu a harmonia matemática subjacente aos fatos como sua causa. Para ele, uma suposição era verdadeira quando revelava a conexão matemática entre os fatos. Assim, a hipótese de Copérnico era verdadeira porque falava sobre os porquês (causas), relacionando fatos até então encarados como inde-

> **Respeito à precisão**
>
> "Uma vez que a bondade divina nos deu Tycho Brahe, o mais cuidadoso dos observadores, de cujas observações divergem os meus cálculos em oito minutos de longitude ... é justo que o reconheçamos com gratidão e façamos uso desta dádiva de Deus ... Porque se eu tivesse podido considerar desprezíveis oito minutos de longitude, já teria corrigido suficientemente a hipótese ... descoberta no capítulo XVI. Mas como não podiam ser negligenciados, estes oito minutos abriram caminho a uma reforma completa da astronomia e constituíram o assunto principal de grande parte deste trabalho."
>
> (Kepler, *Astronomia nova*, 1609)

pendentes. Ele dava assim duas grandes contribuições para o desenvolvimento futuro da ciência, ao estabelecer novas leis para o movimento dos corpos celestes e reforçar a importância da matemática para a elaboração de leis científicas.

O mensageiro sideral: Galileu Galilei

A consolidação do sistema heliocêntrico deixava um problema sério a ser resolvido: como explicar os movimentos dos corpos, tanto na superfície da Terra como no céu? Ainda não estava consolidada assim uma física que sustentasse a nova astronomia.

Quem muito fez para a superação do aristotelismo foi Galileu Galilei, que construiu sua obra com o objetivo de superar as ideias do filósofo grego Aristóteles e formular proposições diferentes para o Universo. No campo específico da física e da astronomia, as contribuições de Galileu foram muito significativas. Ele realizou observações astronômicas e experiências que deram grande impulso à construção de novas explicações sobre a natureza.

Em 1609 Galileu construiu uma luneta, a partir das informações que um aluno lhe transmitira sobre um instrumento inventado por artesãos holandeses, e voltou-a para o céu. Suas observações mostraram fenômenos até então imperceptíveis a olho nu, tais como manchas solares, crateras e montanhas na Lua, luas na órbita de Júpiter, anéis em Saturno e um novo afastamento para as estrelas. Todas essas constatações contribuíram ainda mais para pôr em xeque o Universo aristotélico-ptolomaico, pois acabavam com a ideia de perfeição do mundo celeste. Júpiter parecia ser o centro de um sistema particular, com corpos girando a seu redor. Logo, isso não era um privilégio da Terra.

As manchas observadas no Sol foram atribuídas por Galileu ao próprio astro, e não a imperfeições do instrumento ou a algum fenômeno situado entre a Terra e o Sol, como alegavam alguns de seus críticos. Além disso, as manchas mudavam de forma e posição, indicando uma constante modificação no Sol.

As estrelas fixas mostravam-se estar mais distantes do que até então se pensava. Elas não se situavam logo após Saturno, como se supunha na época. Esse fato revestia-se de grande importância, porque respondia a um dos argumentos contrários ao sistema de Copérnico: a ausência da paralaxe prevista para as estrelas. Como as estrelas estavam muito afastadas da Terra, ficou fácil provar por que o fenômeno esperado não era perceptível com os instrumentos da época.

A perspectiva e o novo olhar de Galileu

Ao voltar sua luneta para a Lua, Galileu viu crateras e montanhas. Essa forma de interpretar a superfície de nosso satélite não foi uma constatação óbvia. Na mesma época o astrônomo britânico Thomas Harriot (1560-1621) construiu uma luneta similar à de Galileu e também apontou-a para a Lua. Mas os dois não viram a mesma coisa.

As luas de Galileu e Harriot

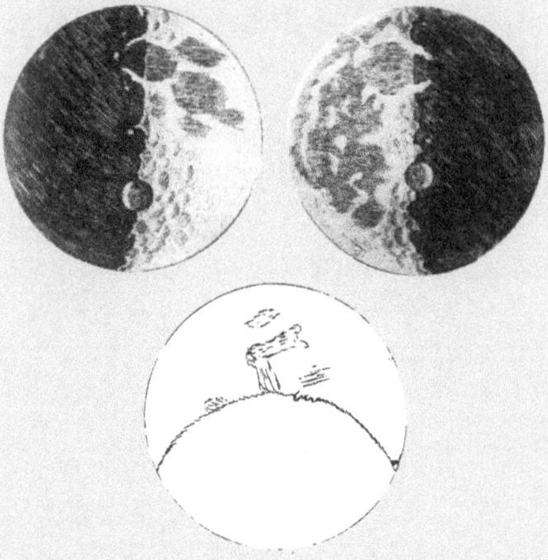

Representações da Lua de Galileu (acima) e de Harriot (abaixo)

Os desenhos de Galileu demonstram um amplo domínio do claro-escuro, fazendo com que tenhamos uma noção das irregularidades da superfície lunar. Já o desenho de Harriot não nos possibilita ter a mesma ideia, porque exibe apenas uma mancha sem maior significado.

Podemos nos perguntar por que os dois não viram a mesma Lua? Ou, ainda, como é possível que não tenham enxergado a mesma coisa? A resposta a essas perguntas nos ajudará a entender a ciência em outra dimensão, visto que foi a formação não científica de ambos que lhes proporcionou capacidades diferentes de interpretar o que olhavam.

Galileu estudou desenho na Itália, onde teve formação com pintores da escola renascentista, habituando-se à perspectiva e sobretudo ao claro-escuro. Isso fez com que ele pudesse identificar aquilo que viu na Lua como sombras projetadas por montanhas ou crateras. Chegou mesmo a usar a geometria para medir a altura das montanhas, partindo das dimensões dessas sombras.

Já Harriot, que não tivera a mesma formação, foi incapaz de observar as irregularidades da superfície lunar próprias de um solo similar ao da Terra. Ele viu apenas borrões. Só depois de ler as descrições de Galileu e principalmente de apreciar seus desenhos, fez uma nova representação da Lua.

A nova Lua de Harriot

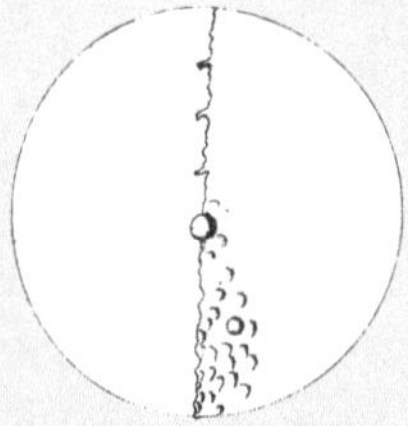

Embora não tivesse a técnica de Galileu, podemos ver que Harriot estava então observando a mesma Lua que ele.

A construção de uma nova cinemática terrestre

Em relação ao movimento dos corpos terrestres, Galileu também introduziu importantes modificações na física medieval de tradição aristotélica. Como adotava o sistema heliocêntrico, a teoria aristotélica de movimento dos corpos em busca de seu lugar natural foi por ele fortemente contestada.

Em seu livro *Duas novas ciências* foram apresentadas, a partir de argumentos lógicos e descrição de experiências, novas explicações para a queda dos corpos. Galileu mostrou que corpos de massas diferentes, quando livres da resistência do ar, cairiam ao mesmo tempo caso abandonados da mesma altura – o contrário do que diziam os aristotélicos.

Essa nova interpretação para o movimento dos corpos terrestres fez com que mais um aspecto da explicação aristotélica fosse abandonado. O movimento deixava de ser uma essência dos corpos. Nenhum corpo seria mais móvel ou imóvel, mas estaria em movimento ou em repouso em relação a outros corpos.

Ao mesmo tempo que procurava utilizar a experimentação para dar legitimidade a seus argumentos, Galileu buscava também – como fazia parte do projeto de uma nova ciência – apresentar esses argumentos em linguagem matemática. Numa passagem muito famosa de *O ensaiador*, de 1623, Galileu defendia a ideia de que a natureza teria sido escrita em linguagem matemática, sendo necessário conhecer os caracteres e entender a língua na qual ela se expressava. Ainda utilizando apenas a geometria, demonstrou que um corpo em queda teria um movimento com velocidade variável – que aumentaria à medida que o corpo caísse.

Recusa às causas

"Salviati [defensor das ideias de Galileu] – Não me parece ser este o momento oportuno para empreender a investigação da causa da aceleração do movimento natural, a respeito da qual vários filósofos apresentaram diferentes opiniões, reduzindo-a, alguns, à aproximação do centro; outros, à redução progressiva das partes do meio ainda não atravessadas; outros, ainda, a certa extrusão do ambiente, o qual, ao fechar-se por trás do móvel, vai pressionando e projetando-o continuamente. Essas fantasias e muitas outras, conviria que fossem examinadas e resolvidas, e com pouco proveito. Por ora, é suficiente a nosso autor que entendamos que ele quis investigar e demonstrar algumas propriedades de um movimento acelerado (qualquer que seja a causa da aceleração), de tal modo que a intensidade de sua velocidade aumenta, após ter saído do repouso, com aquela simplicíssima proporção com a qual cresce a continuação do tempo – que é o mesmo que dizer que em tempos iguais se fazem acréscimos iguais de velocidade."

(Galileu, *Duas novas ciências*, Terceira jornada)

Galileu começou a estabelecer uma cinemática possível para um sistema planetário no qual a Terra não ocupasse mais o centro. Ele não precisava, assim, da ideia de lugar natural, pois não desejava explicar a causa do movimento, mas sim como ele ocorria.

Outra divergência em relação às explicações aristotélicas foi quanto à necessidade de uma causa atuante para a manutenção do movimento de um corpo. A física galileana separava o movimento das mudanças que afetavam o próprio corpo, podendo dessa forma abandonar a concepção de que o movimento necessitaria de um motor para produzi-lo e conservá-lo.

Galileu novamente apresentava uma argumentação lógica, por meio de uma experiência de pensamento em que levava Simplício – o aristotélico com quem dialogava em toda a sua obra – a concluir que não seria necessário um agente atuando em um corpo para que ele permanecesse em movimento. Na ausência de um agente externo, o corpo poderia continuar em movimento com velocidade constante, desde que não existisse qualquer resistência a esse movimento. Além disso, o corpo deveria mover-se sobre uma trajetória circular, para que não houvesse tendência a aumentar ou diminuir sua velocidade, uma vez que sobre um círculo ele estaria sempre à mesma distância do centro – logo, a velocidade se manteria constante.

Aqui Galileu parecia estar falando do conceito que passou a ser conhecido como inércia. Não existe, no entanto, um consenso entre os historiadores da ciência a respeito desse assunto, embora acreditemos que se possa atribuir a ele o início da elaboração da ideia de inércia.

Galileu e o conceito de inércia

"E, portanto, sem obstáculos externos, um corpo pesado numa superfície esférica concêntrica como a Terra será indiferente ao repouso e aos movimentos para qualquer parte do horizonte. E ele se manterá naquele estado em que foi colocado, isto é, se colocado em estado de repouso, assim se conservará; e se colocado em movimento para oeste (por exemplo), continuará nessa direção."

(Galileu, *Cartas sobre manchas solares*)

Esses dois aspectos da argumentação de Galileu – a análise do movimento de queda dos corpos e o da inércia circular – foram fundamentais à construção de uma nova explicação para os fenômenos naturais, abrindo caminho para a unificação dos mundos terrestre e celestial.

Em 1633 Galileu sofreu um processo no tribunal da Inquisição, em que o motivo central da acusação era a defesa do copernicanismo. Após longo julgamento foi condenado à prisão domiciliar até a morte, em 1642.

✧ EXPERIMENTO – *O plano inclinado de Galileu*

"Salviati – Como verdadeiro homem de ciência, sua exigência é muito razoável; pois é assim que convém proceder nas ciências que aplicam as demonstrações matemáticas aos fenômenos naturais, como se observa nos casos de perspectiva, astronomia, mecânica, música e outras, as quais confirmam com experiências sensatas seus princípios, que são os fundamentos de toda a estrutura ulterior...

Numa ripa, ou melhor dito, numa viga de madeira ... foi escavada uma canaleta ... com pouco mais que um dedo de largura. No interior dessa canaleta perfeitamente retilínea ... fazíamos descer ... uma bola de bronze duríssima, perfeitamente redonda e lisa. Uma vez construído o ... aparelho, ele era colocado numa posição inclinada ... e deixava-se descer ... a bola pela canaleta, anotando ... o tempo que empregava para uma descida completa; repetindo a mesma experiência muitas vezes ... nunca se encontrava uma diferença nem mesmo da décima parte de uma batida de pulso. ... fizemos descer a mesma bola apenas por uma quarta parte do comprimento total da canaleta; e, medido o tempo de queda, resultava ser sempre rigorosamente igual à metade do outro. Variando a seguir a experiência, ... sempre ... que os espa-

ços percorridos estavam entre si como os quadrados dos tempos ... No que diz respeito à medida de tempo, empregávamos um grande recipiente cheio de água, suspenso no alto, o qual através de um pequeno orifício feito no fundo, deixava cair um fino fio de água, que era recolhida num pequeno copo durante todo o tempo em que a bola descia pela canaleta ou por suas partes. As quantidades de água assim recolhidas eram pesadas com uma balança muito precisa, sendo as diferenças e proporções entre os pesos correspondentes às diferenças e proporções entre os tempos.

(Galileu, *Duas novas ciências*)

4

O HUMANO COMO MÁQUINA

✧ ✧ ✧

A partir do século XVI o corpo humano passou a ser estudado de forma mais intensa. A Universidade de Pádua havia se transformado num dos mais importantes centros de ensino e investigação médica desde fins da Idade Média. Textos árabes e gregos traduzidos para o latim circulavam entre estudantes e professores com grande liberdade. O currículo da escola tinha por base o pensamento de Aristóteles, mas sem as influências religiosas presentes nos estudos de outras universidades, como a de Paris. Os professores de Pádua desenvolveram um estudo da filosofia natural aristotélica mais próxima dos escritos originais do filósofo, com influências de comentadores islâmicos, como Averróis (1126-1198). Por isso não tinham o viés teológico das escolas cristãs. A esses estudos se somava a importância dada ao conhecimento experimental inspirado nos escritos de Galeno, importante médico da Antiguidade que havia frequentado a Universidade de Alexandria e desenvolvera seus trabalhos a partir de dissecações. A obra de Galeno constituía a principal referência dos estudos médicos de Pádua, universidade que Galileu e Copérnico haviam frequentado.

Os maiores avanços nos estudos da anatomia no século XVI vieram de um médico chamado André Vesálio (1514-1564).

Nascido em Bruxelas, viajou para Pádua com a finalidade de ensinar medicina na universidade daquele centro, onde permaneceu durante longo tempo. Admitido como professor, Vesálio ministrava as aulas de anatomia dissecando cadáveres diante de seus alunos (nas outras universidades era mais comum o professor ler um texto antigo, enquanto um cirurgião realizava a dissecação).

Aos poucos Vesálio foi percebendo que havia contradições entre as descrições de Galeno e as observações que fazia nas dissecações. As descrições anatômicas se adequavam mais a corpos de macacos do que de seres humanos. Vesálio cercou-se de bons desenhistas e escreveu livros em que constam representações bastante detalhadas do corpo humano. Alguns de seus volumes constituíram a principal referência dos estudos médicos durante longo tempo em toda a Europa. Além disso, os desenhos tiveram grande influência no desenvolvimento dos trabalhos artísticos renascentistas. Tanto pintores quanto escultores se inspiraram nessas figuras para compor suas obras. Os estudos de Vesálio abriram espaços para o início de um questionamento bastante fecundo da obra de Galeno, apesar de este ter permanecido ainda longo tempo como principal base do saber médico.

Nesse ambiente de contestação e criação de um novo olhar sobre o corpo humano, surgiram os trabalhos do médico inglês William Harvey (1578-1657). Eles focalizavam o problema da circulação sanguínea, também estudado por Galeno. Harvey, que esteve na Universidade de Pádua por um certo tempo, absorveu o modo de fazer ciência daquela escola. Utilizou então em seus trabalhos as observações, não apenas oriundas das dissecações, mas também de experimentos e análises quantitativas que realizou a partir dos fenômenos analisados.

Em suas investigações experimentais Harvey apontou contradições no arcabouço teórico então aceito, baseado nas propostas de Galeno. Assim como o grego, os filósofos naturais e médicos da Renascença defendiam a ideia de que fígado, coração e cérebro formavam uma tríade geradora e reguladora da vida. Supunham também a existência de dois sistemas sanguíneos distintos. O primeiro seria o do sangue venoso, fabricado no fígado a partir dos alimentos provenientes do estômago e dos intestinos. Afirmavam que esse sangue era transportado, pelas veias, a todas as partes do corpo, de onde cada uma extraía o necessário à sua nutrição. O sangue venoso era ainda conduzido ao ventrículo direito do coração, onde parte dele deslocava-se para o ventrículo esquerdo por meio de passagens estreitas na parede muscular que separava os dois ventrículos. Pelos pulmões o ar chegava ao ventrículo esquerdo, fazendo com que o sangue ali adquirisse uma substância espiritual, o pneuma, o princípio vital, transformando-se então em sangue arterial. Pelas artérias este novo sangue difundia o espírito vital para todo o corpo. O sangue não apresentava, nesse modelo, uma circulação contínua, mas um fluxo e refluxo nas veias e artérias, separadamente.

Harvey realizou vários estudos de anatomia, dissecando diferentes animais. Desses trabalhos resultaram algumas importantes observações, como a de que o coração se endurecia ao contrair-se, o que indicava ser ele um músculo; que a ação das válvulas das veias só permitia o fluxo de sangue num único sentido. A essas e outras conclusões Harvey juntou o tratamento matemático que dera a suas pesquisas. Isso permitiu-lhe calcular

O sistema sanguíneo de Galeno

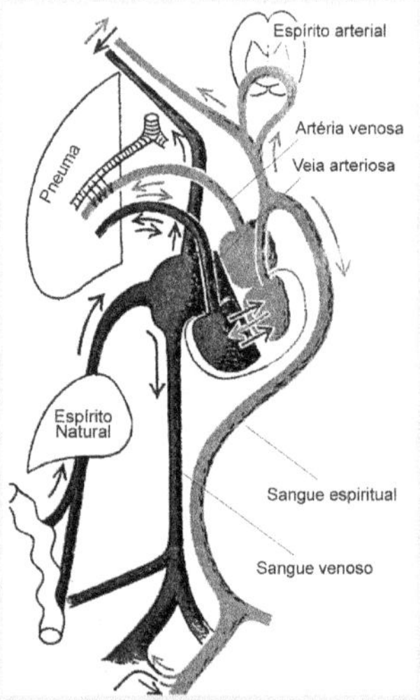

A tese do médico grego do século II Galeno – de que o sangue se produzia no fígado a partir dos alimentos, e o sistema sanguíneo era dividido – dava sustentação teórica ao método de sangria, durante muito tempo utilizado como tratamento de enfermidades.

a capacidade cardíaca de seres humanos, cachorros e ovelhas. Multiplicou os números determinados pelas respectivas frequências do pulso e estipulou a quantidade de sangue que passaria do coração às artérias. O resultado encontrado mostrou que a batida cardíaca impulsionava, num determinado intervalo de tempo, mais sangue do que poderia proporcionar a comida ingerida no mesmo intervalo por um homem.

Tais constatações levaram Harvey a rejeitar o sistema de Galeno e a pensar na possibilidade de o sangue se mover em um círculo; dessa forma, não existiam dois sistemas sanguíneos diferentes com funções distintas. Muitos outros filósofos já haviam realizado dissecações e experimentos que colocavam em xeque determinados pontos da teoria aceita na época. Haviam porém se mantido fiéis à teoria, criando justificativas que a adequassem aos experimentos e às observações. Harvey ao contrário apresentou uma nova explicação para a distribuição de sangue em homens e animais, baseada num sistema mecânico fechado, em que o coração, exercendo papel central, bombeava o sangue por artérias e veias. Elaborou, assim, um único sistema de circulação. Nele o coração aparecia como o Sol do microcosmo, o soberano que exercia suas funções sobre o organismo.

O sistema de Harvey foi rejeitado por alguns filósofos naturais da época e também pelos médicos. Ao propor uma circulação contínua para o sangue, ele impunha uma revisão na prática terapêutica da sangria. Como extrair de um corpo o sangue, se ele estava em fluxo contínuo?

As divergências existiram, mas as adesões também. Um dos adeptos da circulação sanguínea foi René Descartes. Ele se apropriou da tese de Harvey, modificando-a, para melhor defender sua teoria de associação entre corpo e máquina. Rejeitava assim a ideia de que o coração era uma bomba, salientando que o movimento do sangue se dava pela produção de calor no coração. Este seria como um forno, a exemplo do Sol. Para Descartes, no interior das cavidades cardíacas, o sangue, sob o efeito do calor, fermentava e se dilatava, provocando o batimento cardíaco e sua expulsão pelas artérias. O sangue foi considerado um conjunto de partículas de formas geométricas variadas, capazes de, por filtração, passar pelos tecidos invisíveis dos órgãos. Cada órgão receberia as partículas adequadas, que formariam um fluido psicológico com propriedades diferenciadas, apresentando-se sob a forma de lágrimas, suor, leite etc. No sistema de Descartes, todas as operações do corpo humano se processavam sem a obrigatoriedade de os órgãos exercerem funções especiais – e sem necessidade de almas que supervisionassem esse funcionamento. O corpo atuaria automaticamente, e essa ação dependeria apenas da melhor forma e do melhor arranjo de suas partes.

Descartes: o corpo é uma máquina

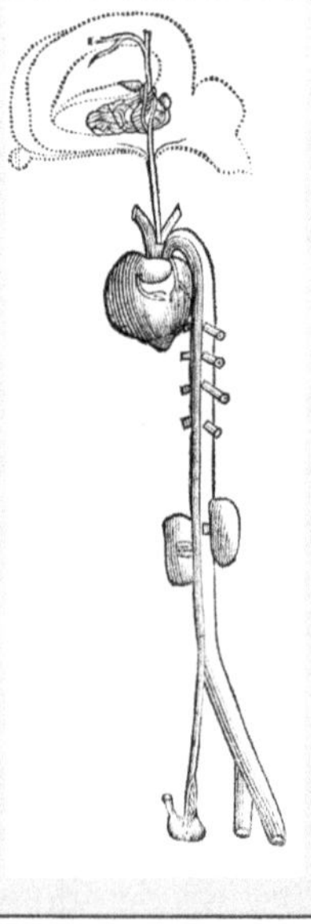

Descartes buscou explicar o corpo humano e os animais associando-os ao funcionamento de máquinas. Assim, as conclusões de Harvey sobre a circulação contínua do sangue lhe pareceram apropriadas a seu projeto. Mas ele rejeitou a analogia do coração a uma bomba. Associava-o ao Sol, que, como um forno, produziria o calor necessário para movimentar o sangue.

Desenho de *Tratado do homem*, publicado em 1686

O trabalho de Harvey deixou questões em aberto, mais tarde exploradas por outros filósofos naturais no século XVII. O inglês Richard Lower (1631-1692), por exemplo, complementou parte desse trabalho ao explorar o processo de oxigenação do sangue nos pulmões. Já Marcelo Malpighi (1628-1694), utilizando um microscópio, observou o fluir do sangue nos capilares de uma rã, confirmando a hipótese de Harvey, segundo a qual existiriam diminutos vasos que permitiam a passagem do sangue das artérias para as veias.

A geração espontânea

Um dos problemas cruciais para a visão mecanicista de natureza era o do surgimento da vida. Diversos autores desde a Antiguidade já haviam escrito sobre o tema. Aristóteles reconhecia que a maior parte dos seres vivos originava-se de outros seres vivos, mas admitia também a possibilidade de ocorrer geração espontânea, isto é, de surgir vida a partir da matéria inanimada. Para tanto era necessário colocar na matéria inanimada o pneuma (sopro vital), elemento intermediário entre matéria e alma. O pneuma era uma espécie de calor diferente do encontrado no fogo (que, ao queimar, destruía a matéria). Ele era a fonte de vida encontrada nos seres quentes, que, ao morrerem, perderiam o calor. Dessa maneira, o surgimento da vida por geração espontânea ocorreria na matéria em putrefação, pela perda do calor para os novos seres. Esse processo poderia ser potencializado pelo calor do Sol, que aceleraria o processo.

Ao longo da Idade Média a hipótese da geração espontânea foi vista com desconfiança. Do ponto de vista religioso a questão não era simples. Embora a Bíblia, no Gênesis, apresente a criação como um fato único, ocorrido no início dos tempos, em vários outros pontos encontram-se indícios apontando em outra direção, como o livro dos Juízes (14,8), em que Sansão encontra abelhas e mel no cadáver de um leão.

Por volta do século XVI já era bastante aceita a ideia de que a vida podia surgir da matéria inanimada. O médico belga Jean-Baptiste Van Helmont (1577-1644) chegou a escrever um receituário de como produzir escorpiões e ratos a partir de serpentes e camisas sujas. Mesmo Descartes havia cogitado a possibilidade da geração espontânea, segundo um modelo no qual o calor teria um papel fundamental, o de agitar pequenas partículas na matéria putrefada e com isso gerar um ser organizado. De uma forma geral, grande parte dos filósofos naturais considerava o surgimento de larvas em pedaços de carne em putrefação como evidência da geração espontânea.

Em 1668, o médico italiano Francesco Redi (1626-1697) realizou um experimento que ficou famoso, por ser representativo do novo espírito surgido com a ciência moderna e colocar sérios problemas à hipótese da geração espontânea.

O experimento de Redi eliminou a evidência específica da geração espontânea na matéria em putrefação. O próprio Redi continuou a acreditar na geração espontânea em outros casos, como no dos vermes surgidos no interior dos intestinos. A discussão sobre o tema continuou ao longo dos anos finais do século XVII, entrando pelos séculos seguintes. A invenção do microscópio revelou aos naturalistas um novo universo, em que uma quantidade enorme de seres extremamente pequenos habitava volumes mínimos. Esse universo fez com que a geração espontânea passasse para o plano dos microorganismos.

✧ EXPERIMENTO – ***Redi e o questionamento da geração espontânea***

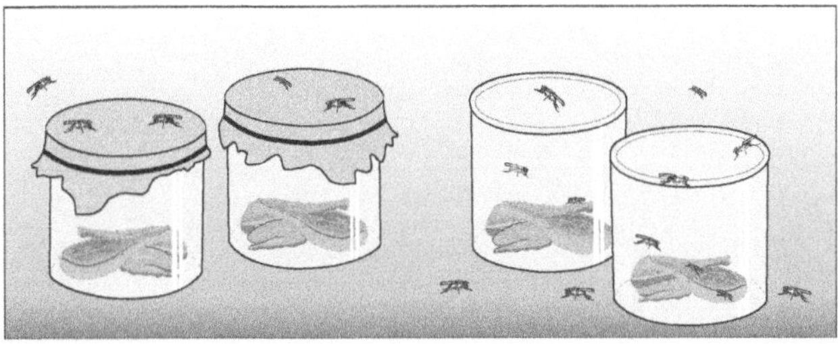

Francesco Redi colocou diversos pedaços de animais mortos em oito recipientes. Quatro deles foram fechados, e os outros ficaram abertos. Redi verificou que surgiam larvas somente nos recipientes abertos. Como a ausência de ar poderia ser considerada a causa do não surgimento da vida, ele repetiu a experiência com frascos tampados com gaze (véu de Nápoles). Desta vez percebeu larvas nas carnes dos recipientes abertos e também por cima das gazes. Como os vidros tampados não continham vermes, Redi concluiu que as larvas haviam sido depositadas nos outros tipos de recipiente pelas moscas, que, atraídas pelo cheiro da carne, haviam até mesmo tentado entrar pela gaze.

5

DISCUSSÕES SOBRE A MATÉRIA

✧ ✧ ✧

Uma questão que há muito tempo vinha sendo debatida pelos cientistas era aquela referente à constituição da matéria. De um modo geral, a visão da natureza como máquina – que ganhava espaço no desenrolar do século XVII – impulsionava uma teoria corpuscular da matéria. O filósofo francês Pierre Gassendi (1592-1655) também supôs ser a natureza composta de partículas, porém, ao contrário de Descartes, defendeu que o espaço entre as partículas constituintes do Universo era vazio.

Outro importante adepto da teoria corpuscular da matéria foi o inglês Robert Boyle (1627-1691). Para explorar o assunto, dedicou sua atenção à construção de experimentos que lhe permitissem elaborar leis capazes de mostrar evidências sobre o comportamento da matéria, sem grandes especulações teóricas. Em seus trabalhos experimentais pesquisou diferentes análises que lhe permitiram concluir não ser possível aceitar a teoria de Paracelso, segundo a qual toda a matéria era formada a partir de três princípios básicos: enxofre, mercúrio e sal. Suas investigações não deixavam dúvidas de que existiam compostos supostamente divididos em duas substâncias básicas, e outros, em mais de três.

Para substituir a teoria de Paracelso, Boyle construiu outra, apoiada na concepção atômica da matéria. Não aceitou plenamente a teoria de Descartes, nem a de Gassendi. Em sua tese, pressupôs uma *prima naturalia* que, ao se mover no vácuo, criaria aglomerados de matéria, os corpúsculos secundários, responsáveis pelas características imutáveis das substâncias. Os corpúsculos poderiam se agregar de diferentes maneiras, respondendo assim pela diversidade dos compostos verificada nas experiências. Apesar de construir uma teoria para explicar a constituição da matéria, Boyle não deu muito valor ao uso da matemática como linguagem da filosofia natural. Preferiu as longas descrições experimentais que pudessem comunicar a todos os interessados as conclusões de seus trabalhos.

Os questionamentos a respeito da matéria cresciam e impulsionavam os estudos sobre o ar atmosférico. Muitos gregos haviam defendido que o vácuo não poderia existir. A favor de suas teses argumentavam que a água subia numa coluna da qual o ar havia sido retirado, para cobrir o espaço vazio. Segundo eles, isso ocorria porque a natureza tinha horror ao vácuo. Quando tratou do tema, Galileu afirmara que a subida do líquido não era ilimitada, como pressupunham os gregos; este atingiria sempre um nível fixo. Na tentativa de investigar o assunto, construiu-se um instrumento para medir a pressão, o barômetro. Experimentos realizados com esse instrumento confirmaram a teoria de Galileu: a água subia até a altura prevista. A confirmação trouxe consigo uma nova questão: aquele espaço seria realmente vazio, ou ali haveria ar?

Dois discípulos de Galileu, Evangelista Torricelli (1608-1647) e Vincenzo Viviani (1622-1703), utilizando um barômetro que eles mesmos construíram, substituíram a água por mercúrio, que supuseram subir menos. O experimento foi um sucesso e repercutiu em toda a Europa. Um filósofo francês, Blaise Pascal (1623-1662), ao tomar conhecimento daquelas últimas discussões, repetiu o experimento no alto de uma montanha, encontrando diferenças em relação àquele realizado próximo do nível do mar. Indicou que a alteração se devia à diferença da pressão atmosférica entre as duas regiões.

Boyle tomou conhecimento de todos esses experimentos. Procurando responder melhor às perguntas que as investigações sobre o ar levantavam, criou uma bomba, com o intuito de mostrar a possibilidade operacional de diminuir a pressão do ar. Realizou com ela diferentes experiências, refazendo inclusive as das colunas de água e mercúrio. A bomba de vácuo de Boyle possibilitou aos filósofos naturais pesquisar situações envolvendo respiração, som e combustão, e evidenciar que o ar exercia um papel fundamental nesses fenômenos. A bomba também permitiu que eles ampliassem suas observações e chegassem a conclusões sobre fatos que, sem ela, teriam dificuldades em reproduzir.

Outro instrumento importante para o homem do século XVII foi o microscópio. Construído pelo inglês Robert Hooke (1635-1703), um filósofo natural que ajudara Boyle na confecção da bomba de vácuo, o instrumento ampliou a visão do homem, permitindo-lhe alcançar o até então invisível mundo das pequenas partes da natureza. Com ele, Hooke observou o olho de uma mosca e concluiu que ele era uma perfeita máquina de ver.

A partir da nova visão mecanicista, o corpo humano e suas diferentes partes foram comparados a uma máquina criada por Deus e cujo funcionamento dele independia.

O microscópio

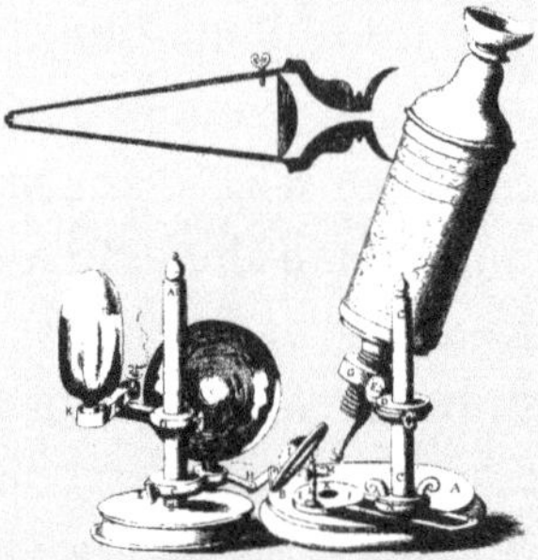

O microscópio construído por Robert Hooke permitiu grandes avanços nos estudos da vida e da matéria.

Embora estudos de óptica, realizados na Idade Média, já permitissem o conhecimento das propriedades de ampliação das lentes, foi somente a partir do século XVII que os filósofos naturais começaram a utilizar a luneta e o microscópio em larga escala na observação dos fenômenos.

Os primeiros microscópios possuíam apenas uma lente. Em fins do século XVII começaram a ser produzidos os microscópios compostos, formados por duas lentes associadas. Este instrumento abriu um novo universo, pois além de permitir a percepção da complexidade dos vegetais e animais, possibilitou aos naturalistas a observação da existência de pequenos seres vivos que podiam ser encontrados em grande quantidade em uma minúscula gota d'água. O advento do microscópio além de trazer novas questões sobre o surgimento da vida fez surgir outras sobre a natureza desses seres. Seriam eles animais ou vegetais?

Nos diálogos travados pelos filósofos naturais do século XVII ocorreram debates ricos e plenos de controvérsias. Os questionamentos filosóficos orientaram diversos trabalhos e fizeram com que muitos daqueles personagens se preocupassem em pensar e escrever sobre o melhor caminho para realizar o estudo da natureza. Muitas das teorias então construídas foram contestadas ao longo da história. Mas também inúmeras conclusões permanecem válidas até hoje.

A lei de Boyle, que quantifica a relação entre a pressão do ar e o volume, foi generalizada para um gás ideal, com o nome de lei de Boyle-Mariotte. Ainda se encontra nos manuais de ciência, embora atualmente muitos dos argumentos teóricos usados pelo filósofo natural para explicar o comportamento da matéria já tenham sido derrubados. Na verdade, aquela lei refletiu uma metodologia própria de um ambiente em que a utilização de experimentos objetivava sobretudo a construção de equações matemáticas a partir de grandezas selecionadas como relevantes para a compreensão do fenômeno explorado. No interior desse movimento pode-se ainda incluir a lei da refração de Descartes, a da força elástica, de Hooke, e a de Pascal, que relaciona pressão atmosférica e altitude.

6

A UNIFICAÇÃO DE CÉU E TERRA

✧ ✧ ✧

Apoiado em ombros de gigantes – Newton

Em meados do século XVII ainda se debatia o problema da unificação do céu e da Terra. Se as críticas de Galileu ao aristotelismo eram corretas, e as leis de Kepler também, ainda faltava uma dinâmica para explicar o movimento dos corpos celestes e terrestres. As respostas vieram com Isaac Newton (1642-1727), que curiosamente nasceu no mesmo ano da morte de Galileu.

Newton fez a grande síntese que faltava após o abandono das explicações aristotélicas que davam coerência ao cosmo medieval. Ele construiu uma teoria que gerou uma interpretação completamente diferente sobre o Universo. A revolução científica dos séculos XVI e XVII, da qual Newton foi herdeiro, aboliu o mundo das qualidades, instaurando o universo da precisão, das medidas exatas e da determinação rigorosa.

A ideia inicial de Galileu – de que a natureza estava escrita em linguagem matemática – se concretizou com a nova ciência newtoniana. Foram abolidas as qualidades, pois os números e figuras geométricas não comportavam essa subjetividade. O movimento e o repouso, por exemplo, deixaram de existir nos corpos em si e passaram a ser considerados relações entre entidades que podiam ser mensuradas. Dessa forma, o Universo passou a ser regido por leis, e não mais por uma estrutura imanente.

Em seu livro *Princípios matemáticos da filosofia natural*, de 1687, escrito em latim e por isso chamado de *Principia*, Newton formulou quatro leis que explicavam o movimento dos corpos celestes e terrestres, e também as suas causas.

As leis de Newton tiveram aplicação imediata na astronomia, com grande sucesso de previsão e explicação dos fenômenos celestes. Com elas Newton estruturou uma nova cosmologia, tão ampla quanto a de Aristóteles, pois explicava os movimentos na Terra e de todos os astros no céu, realizando a grande unificação entre esses dois mundos – pois todas as leis que valiam num deles se aplicavam também ao outro, ao contrário da cosmologia aristotélica.

O mundo newtoniano era composto por matéria, movimento, espaço e atração. Para Newton a atração não era uma força física, mas matemática. Esse aspecto deixa transparecer a profunda mudança que passou a vigorar nas explicações da natureza a partir do sucesso de seus trabalhos. As certezas deixaram de estar nas hipóteses e passaram a se localizar nas explicações matemáticas.

As leis de Newton constituíram a dinâmica que faltava à nova astronomia de Copérnico e Kepler e à cinemática terrestre de Galileu. Newton foi capaz de explicar o movimento de queda dos corpos na superfície da Terra, assim como explicar por que os planetas descreviam movimentos que satisfaziam às leis de Kepler. Os corpos em queda livre descreviam movimentos acelerados, assim como a Lua, pois ambos seriam comandados por forças de atração da mesma natureza, que variavam com o inverso do quadrado da distância entre os corpos.

Graças a isso Newton conseguiu unificar as explicações para fenômenos celestes e terrestres. A queda dos corpos não necessitava mais da centralidade da Terra, pois a explicação vinha de uma propriedade de toda matéria, a atração. O mesmo ocorreria com a Lua: ela girava em torno da Terra, não porque era de sua natureza girar, assim como não era da natureza de qualquer corpo celeste; mas porque a Terra exercia uma força de atração que não lhe permitia sair pela tangente e obrigava-a a manter sua trajetória fechada. Assim, Newton negou a hierarquização espacial aristotélica, considerando o espaço algo homogêneo, absoluto e sem relação alguma com qualquer coisa externa a ele.

A mesma força que agia entre a Terra e os corpos a seu redor atuava entre o Sol, as estrelas e qualquer corpo do Universo. Essa força gravitacional passava a explicar o funcionamento de um mundo constituído de matéria em movimento.

Newton, contudo, não explicou a causa da gravidade. Segundo ele, não podendo deduzir dos fenômenos as razões da gravidade, ele não faria hipóteses, pois elas não cabiam na filosofia experimental. Era suficiente afirmar que a gravidade existia seguindo as leis por ele expostas, e que ela explicava todos os movimentos dos corpos terrestres e celestes. Newton também deixou em aberto o problema de como essa força se transmitia entre os corpos. O problema, conhecido como *ação a distância*, foi alvo de intensas discussões entre seus críticos e entre diversos filósofos naturais ao longo do século XVIII.

A construção matemática do Universo empreendida por Newton revelou-se uma abstração próxima do Universo físico. A idealização da natureza e sua simplificação inicial (escapando da complexidade da natureza em si) possibilitou-o chegar a leis descritivas e depois à lei da gravitação universal. Ele sempre trabalhou do simples para o complexo, inicialmente com uma massa pontual, depois com duas, até chegar a muitas. Trabalhou também com a ideia de partícula, passando em seguida à de corpo físico.

No novo método inaugurado por Newton, o "como" é mais importante do que o "porquê". A explicação gravitacional newtoniana era mais abstrata, menos intuitiva e estava distanciada de uma analogia mecânica do que, por exemplo, a de Descartes – que explicava o movimento dos planetas por vórtices que arrastariam o meio que preenche o espaço. A hipótese cartesiana, no entanto, não predizia corretamente os movimentos dos corpos celestes, e por isso não perdurou.

O novo método foi muito bem estabelecido por Newton nos *Principia*, por meio das "Regras de raciocínio em filosofia". Eram quatro regras que indicavam o procedimento correto para produzir conhecimento sobre a natureza e os critérios a serem seguidos para escolher a melhor teoria.

- O Universo é simples e explicações complexas não devem ser adotadas.
- Para efeitos similares devemos considerar causas idênticas.
- Proposições comuns aos corpos conhecidos devem ser aplicadas a todos os corpos.
- As considerações e hipóteses baseadas em experimentações devem prevalecer sobre as que nelas não se basearem.

Essas regras estabelecidas por Newton são quase tão importantes quanto suas leis. Serviram de guia para o estabelecimento de uma metodologia que não se limitou à física, mas acabou por se tornar o padrão por excelência para todos os ramos do conhecimento.

A pintura anuncia um novo universo espacial

A geometrização do espaço – que instaurou o espaço homogêneo e abstrato da geometria euclidiana, substituindo a visão espacial própria da Idade Média – teve grande importância na estruturação de uma nova concepção de mundo que a ciência newtoniana ajudou a construir.

Esse aspecto da nova concepção espacial que a revolução científica passou a adotar não se desenvolveu no interior da filosofia natural por homens como Descartes, Galileu, Newton e tantos outros. Foi apropriado dos artistas renascentistas, que, com as técnicas da perspectiva, construíram um novo espaço.

A pintura medieval, em sua quase totalidade, concebia e representava o espaço exatamente como um *continuum* de posição e hierarquizado. Se analisarmos as obras de diversos pintores como por exemplo: Cimabue (c.1250-c.1300), Duccio (c.1255-c.1319), Pietro Lorenzetti (c.1280-1348) e mesmo Giotto (c.1267-1336/7), que começou a esboçar a perspectiva, podemos observar que não há profundidade nem infinitude. Céu e Terra não se comunicam, há uma clara distinção entre ambos.

Essa concepção espacial era de todo coerente com o Universo aristotélico – que a filosofia natural medieval adotou e

Espaço medieval

Pietro Lorenzetti, *Entrada de Cristo em Jerusalém*

Pode-se perceber nesse quadro que céu e Terra estão separados. Também não há, ainda, a perspectiva estabelecida. O tamanho das figuras são proporcionais a sua importância, e não a sua localização espacial, como passará a ser figurada na pintura renascentista.

desenvolveu até a revolução científica. Não custa lembrar que Aristóteles construiu duas explicações dicotômicas para os movimentos celestes e terrestres, nas quais existia o mundo da perfeição contra o da corrupção. Num espaço finito, que não permitia uma interação, ainda que teórica, entre Terra e céu, o movimento dos corpos no mundo da imperfeição tendia ao repouso, necessitando sempre de um agente externo para manter o movimento.

Os corpos postos em movimento tenderiam todos ao repouso pela resistência do meio, ou porque voltavam a seu lugar natural. Não havia como pensar um movimento infinito, pois o próprio mundo era finito. O corpo jamais poderia atravessar a barreira representada pela incomunicabilidade dos mundos supra e sublunar. A finitude espacial impedia que se pensasse na infinitude do movimento. Era necessário um novo olhar espacial para que surgisse uma outra concepção de movimento.

Essa nova concepção espacial foi fruto do trabalho dos pintores do Renascimento, como Jan Van Eyck (c.1390-1441) e Leonardo da Vinci (1452-1519), entre outros. A geometrização espacial criada por esses artistas instaurou o espaço dimensional homogêneo e abstrato da geometria euclidiana, substituindo o antigo espaço agregado do medievo. Esse novo espaço infinito abriu a mente dos filósofos naturais para a possibilidade, ainda que abstrata, da infinitude dos movimentos.

A mecânica de Newton ergueu-se, então, sobre uma concepção espacial que não foi desenvolvida pela filosofia natural da qual ele era herdeiro, mas sim pelos artistas que souberam construir um novo espaço. Esta concepção possibilitou à ciência moderna criar um mundo bem diferente do medieval. Um claro exemplo da importância do novo espaço foi a elaboração da lei da inércia. Ela só poderia ser pensada num espaço infinito e homogêneo, no qual os corpos, na ausência de forças, poderiam mover-se indefinidamente em linha reta com velocidade constante.

A representação do espaço infinito

Van Eyck, *A crucificação*

A pintura representa uma cena bíblica, tema comum nas obras pictóricas medievais. Apesar de compartilharem dos mesmos temas, os artistas renascentistas, utilizando a técnica da perspectiva, construíram um novo olhar sobre o cosmo diferente dos colegas medievais. O personagem mais importante já não é destacado pelo tamanho. A dimensão de sua figura é proporcional à distância que se encontra do observador. Também pode-se perceber a ideia de infinitude, representada no quadro pela paisagem que se perde na amplidão. Não há mais limites. Um corpo lançado na cena poderia se mover infinitamente, pois não existe mais separação entre céu e Terra. Esse é o novo espaço infinito criado por pintores renascentistas.

Essa lei tratava de um movimento ideal de corpos geométricos num espaço geométrico, em que os lugares desse espaço seriam equivalentes ou até mesmo idênticos. Tratava-se do novo espaço da arte renascentista e da ciência moderna.

A óptica de Newton

Newton conseguiu, com os *Principia*, não só unificar os mundos celeste e terrestre, como também estabelecer uma nova maneira de proceder na construção do conhecimento científico. Com seu grande sucesso, a ciência newtoniana passou a ser o paradigma científico a ser buscado em todos os campos do conhecimento.

É interessante perceber que, enquanto os *Principia* tiveram um caráter teórico matemático, a outra grande obra científica de Newton, a *Óptica*, de 1704, é de cunho mais experimental e menos matemático. Aqui ele apresentou procedimentos bastante cuidadosos e construiu explicações para alguns fenômenos luminosos, como a decomposição da luz branca e a formação dos chamados anéis de Newton. Com sua famosa experiência de decomposição da luz branca nas cores que a constituem, ele estabeleceu que a cor não era uma qualidade dos objetos, mas um atributo da própria luz.

No que se refere à natureza da luz, essa era uma discussão que já se travava há muito tempo. Francesco Maria Grimaldi (1618-1663) observou o fenômeno da difração da luz e levantou a hipótese de ela ser formada por vibrações; as cores provenientes da dispersão num prisma explicavam-se por diferentes velocidades do movimento vibratório de cada cor.

No mesmo sentido de Grimaldi, Robert Hooke apresentou à Royal Society, na Inglaterra, em 1675, uma hipótese de que a luz era uma onda vibrando perpendicularmente à direção de propagação, ou seja, uma onda transversal. Apesar das hipóteses, nenhum dos dois pensadores aprofundou a ideia.

No entanto, foi Christiaan Huygens (1629-1695) quem elaborou a teoria ondulatória mais consistente da época para explicar a propagação luminosa. Ele considerou que a luz se propagava por um meio, o éter, e que cada ponto desse meio, ao ser atingido pela vibração luminosa, devia ser considerado como o centro de uma nova onda esférica. Hoje chamamos isso de princípio de Huygens.

Apesar do tratado de Huygens ser de leitura mais fácil do que o *Optica*, ele só teve uma edição, ao passo que o livro de Newton teve quatro em inglês, seis em latim e três em francês, algo raro para a época.

Newton considerava que a luz era constituída por corpúsculos e não era um fenômeno ondulatório, como supunham Grimaldi, Hooke, Huygens e outros. A posição newtoniana contribuiu bastante para que essa ideia fosse mais habitualmente aceita na explicação dos fenômenos luminosos durante cerca de cem anos.

A metafísica de Newton e Leibniz

Newton não se limitou à filosofia natural ou mesmo a temas que chamaríamos hoje de científicos, escrevendo sobre alquimia, história das religiões e teologia, entre outros assuntos.

Essa breve alusão a outros campos de seus interesses ajuda a perceber que durante o século XVII e início do XVIII ainda não havia uma clara distinção entre o conhecimento puramente científico e o mágico ou místico. Era comum que os filósofos naturais escrevessem sobre diversos temas, de forma a construir um pensamento unificado. Kepler e Copérnico, por exemplo, utilizaram justificativas místicas na defesa de seus argumentos em prol do heliocentrismo ou da explicação matemática a respeito do movimento dos planetas. Na obra de Newton ainda existiam resquícios desse pensamento.

Na concepção de natureza de Newton, existem frequentes menções a Deus. Em fins do século XVII vigorava, com grande popularidade, a concepção de que o Universo se assemelhava a uma máquina, e que Deus era seu artífice. Newton acreditava que Deus não era apenas um mero engenheiro construtor do mundo que, após colocá-lo em movimento, poderia se retirar. Para ele, Deus atuava o tempo todo no mundo, constituindo um absoluto em que os eventos iriam se desenrolando. Esse absoluto era o espaço, que Newton chamou de *Sensorium Dei* (*sentido de Deus*). A imperfeição do mundo mostrava que havia um constante desgaste do Universo, fazendo-o tender para o colapso; dessa forma, a "máquina" precisava sempre ser impulsionada, e a Providência Divina era de suma importância na estrutura da natureza.

Essa concepção sobre o papel de Deus no mundo foi um dos pontos de divergência entre Newton e Leibniz (1646-1716). Para este, Deus estava ausente do Universo. Segundo Leibniz, Deus criara tudo no princípio dos tempos e dera todas as condições para que o Universo funcionasse, estabelecendo uma harmonia. Caberia aos homens encontrar as leis que regiam o funcionamento da máquina do Universo. Essas leis eram de tal ordem abrangentes como explicação da natureza, que Deus, dentre muitas opções possíveis, só poderia ter criado o melhor dos mundos possíveis.

Leibniz questionou Newton sobre a teoria da força gravitacional. Sua crítica se dirigia ao papel de Deus na cosmologia newtoniana, que associava ao espaço absoluto, o *sensorium Dei*, a transmissão da interação entre os corpos. Em 1715 Leibniz escreveu uma carta endereçada ao pastor Samuel Clarke, amigo de Newton e um dos principais defensores de seu pensamento na Inglaterra, ridicularizando a concepção newtoniana sobre o papel de Deus no mundo.

Leibniz e a crítica a Newton

"Newton e seus asseclas têm ainda uma divertidíssima opinião sobre a obra de Deus. Conforme eles, Deus de vez em quando precisa dar corda em Seu relógio, porque senão ele deixaria de andar. O cientista não teve visão suficiente para imaginar um movimento perpétuo. Essa máquina de Deus é até tão imperfeita, segundo eles, que o Criador se vê obrigado de quando em quando a desengraxá-la por um concurso extraordinário, e mesmo arranjá-la, como um relojoeiro faz com sua obra, o qual será tanto pior oficial quanto mais vezes se vir obrigado a retocar e corrigir o seu trabalho."

(Leibniz, *Correspondência com Clarke*, primeira carta, novembro de 1715)

Essa discussão metafísica é fundamental na percepção de que as construções científicas partem de visões de natureza.

Ela desnuda a necessidade do conhecimento dessa metafísica para a compreensão do desenvolvimento das teorias científicas de Newton e de Leibniz.

Newton, ao pensar que o Universo estava em constante desgaste – e consequentemente necessitava da intervenção divina –, não acreditava na conservação de alguma quantidade física do Universo. Já Leibniz precisava apenas de um Deus criador, um "engenheiro", uma máquina que seguiria em movimento sem intervenção constante. Dessa forma, buscou a conservação de alguma grandeza no movimento dos corpos para que este não cessasse. A postura diferente dos dois ilustra bem como o papel de Deus no Universo levou-os a conclusões de ordem científica completamente antagônicas sobre a necessidade de conservação ou não de alguma grandeza associada ao movimento dos corpos.

Este e outros aspectos do pensamento newtoniano foram sendo abandonados ao longo do tempo, buscando-se apenas perpetuar o caráter experimental e matemático da obra de Newton. O mecanicismo – que se fortaleceu enormemente com os sucessos obtidos a partir de Newton – tem seus aspectos filosóficos e metafísicos distantes da abrangente compreensão newtoniana da natureza.

Os newtonianos acabaram nos legando um Newton menos rico, um ser que tentava compreender o Universo a partir de uma visão ampla dos aspectos necessários a seu entendimento. Dessa forma, a ciência moderna, agora totalmente estabelecida com a obra newtoniana – que conseguiu unificar Terra e céu –, acabou por dicotomizar o mundo, entre a subjetividade (da percepção sensorial em que vivemos e morremos) e o plano do real. Para o economista John M. Keynes, Newton não foi o primeiro cientista moderno, mas o último dos mágicos.

CONCLUSÃO

✧ ✧ ✧

A ciência moderna se consolidou no século XVII, após um longo período de gestação. Neste livro procuramos mostrar os principais embates e personagens que estiveram no âmago desse processo, desde o século XV. O nascimento de uma nova forma de produção de conhecimentos que pretendia criar um caminho seguro rumo à obtenção da verdade ocorreu no contexto de um amplo processo de transformação das sociedades europeias. Dessa forma, procurou-se aqui evidenciar que o surgimento da ciência moderna não foi fruto da mente de uns poucos iluminados, de todo descolados de seu tempo. Ela foi, sim, uma construção coletiva, parte de um projeto maior das sociedades europeias, que teve diversas outras dimensões em campos aparentemente díspares, mas que formam o conjunto das relações sociais, como a economia, as religiões e as artes.

Não se pode esquecer que, para além de uma nova metodologia na busca da verdade, em que a linguagem matemática e a experimentação se apresentaram como critérios demarcadores, passou a ser construída uma nova concepção de natureza. A partir de uma sociedade em que as máquinas começavam a fascinar e encantar os homens, desde o mais simples camponês até o sábio acadêmico, passou-se a encarar o Universo como um grande mecanismo. Os astros que se movimentavam no céu eram percebidos tal como engrenagens de um imenso relógio, num movimento mecânico e regulado por leis matemáticas. Os próprios animais começaram a ser estudados a partir de tubos e dutos por onde o sangue circulava, transmitindo a vida do coração às outras partes do mecanismo.

No Universo-máquina moderno não existia mais espaço para o encantamento do medievo e da Antiguidade. Os espíritos e almas que explicavam muitas das relações entre os corpos começaram a perder terreno diante de uma visão mais materialista e menos mística de natureza. Entretanto, no século de fundação da ciência moderna, essa dicotomia entre o velho e o novo não se apresentava de forma tão nítida quanto se pode acreditar. É muito comum ainda hoje se ter uma visão maniqueísta dos processos históricos no qual as velhas concepções são apresentadas como ingênuas frente às novas, fruto único e exclusivo da razão. Muitos dos fundadores da ciência moderna possuíam em sua obra essas duas vertentes, mescladas de forma inseparável. Copérnico, Kepler e Newton foram bons exemplos dessa dualidade.

Ao longo dos séculos seguintes a visão de um Universo-máquina vai se consolidar como a mais frutífera e fundamental corrente da jovem ciência. Esse fato não significa que ela seja unitária, uma vez que diversos mecanicismos vão surgir a partir dos trabalhos gerados no século XVII; nem que ela será única, pois visões alternativas ao mecanicismo se manterão no subsolo das construções científicas emergindo vez por outra com formatos diversos.

Ao longo deste livro privilegiamos alguns personagens e construções teóricas em detrimentos de outros. Isso não pode ser percebido de forma comparativa, isto é, superdimensionando alguns em relação aos outros. Como já dissemos anteriormente, a ciência moderna foi uma construção coletiva. Todo recorte é sempre perigoso nesse sentido, pois pode levar os leitores a acreditar na importância maior de algumas teorias e personagens. Buscamos aqui sobretudo evidenciar a construção de um novo processo de delimitação da verdade e principalmente de uma nova visão de natureza.

PARA SABER MAIS

✧✧ ***Newton. Textos, antecedentes e comentários***, de I. Bernard Cohen e Richard Westfall (Rio de Janeiro: Uerj/Contraponto, 2002).
Coletânea de textos de Newton seguidos por comentários de especialistas. Os textos são agrupados segundo temas, incluindo aqueles não considerados científicos, como os relativos à alquimia e à teologia.

✧✧ ***Os filósofos e as máquinas***, de Paolo Rossi (São Paulo: Companhia das Letras, 1989).
Um interessante trabalho sobre as relações entre técnica e filosofia nos séculos XV, XVI e XVII. Rossi procura mostrar como se deu a influência do desenvolvimento das máquinas sobre as formas de pensamento do homem europeu na época.

✧✧ ***A revolução científica***, de John Henry (Rio de Janeiro: Zahar, 1998).
O livro aborda aspectos científicos, religiosos e metafísicos do processo de construção da ciência moderna, dando sobre eles uma ampla visão.

✧ ***Uma história da astronomia***, de Jean-Pierre Verdet (Rio de Janeiro: Zahar, 1991).
Uma história concisa da astronomia, do período babilônico até os dias de hoje. São particularmente interessantes os capítulos que tratam da revolução copernicana e sua difusão na Europa Ocidental no século XVII.

A CIÊNCIA NO UNIVERSO DA CULTURA

Teatro

A vida de Galileu, de Bertold Brecht (São Paulo: Abril Cultural, 1977)
O texto da peça é uma ficção construída a respeito do processo de condenação de Galileu à prisão domiciliar, no dia 22 de junho de 1633, pela Igreja, durante o papado de Urbano VIII. Na peça, Brecht faz um grande manifesto contra o autoritarismo, usando o episódio de Galileu como metáfora da intolerância política de seu tempo.

Literatura

Epifania das estrelas para Galileu Galilei, de Álvaro Pacheco (Rio de Janeiro: Topbooks, 2002)
Neste livro de poesia o autor reflete sobre a vida e a obra de Galileu. Ao mesmo tempo que faz uma apologia dos feitos do filósofo natural da Toscana, critica a intransigência dos que lhe condenaram.

A ilha do dia anterior, de Umberto Eco (Rio de Janeiro: Record, 1995)
Neste livro Umberto Eco apresenta a história de um jovem piemontês que, durante uma missão secreta, tem seu navio naufragado. Buscando salvar-se, depara com outro navio deserto, repleto de objetos antigos, metais e obras de arte. Vive aí uma aventura solitária, cheia de reflexões filosóficas, e uma viagem à época de Galileu e Newton, o século de grandes mudanças e invenções.

✧ Iconografia

O casamento da Virgem (1504)

Rafael (1483-1520), pintura a óleo, Pinacoteca de Brera, Milão, Itália

Nesta pintura percebe-se o céu em continuidade com a Terra. O chão, representado de forma quadriculada, é um artifício utilizado pelo artista para dar profundidade à representação pictórica. Os personagens da cena têm seus tamanhos retratados de acordo com sua posição; apresentam, assim, o ângulo visual de um objeto próximo maior do que de outro, de mesmo tamanho, que estivesse posicionado mais distante com relação ao observador.

Escola de Atenas (1510-11)

Rafael (1483-1520), afresco, Museu do Vaticano, Roma, Itália

No afresco, pintado num dos aposentos do Vaticano onde hoje se encontra o museu, Rafael procurou retratar o conjunto de filósofos gregos numa única cena. Em primeiro plano estão Platão (à esquerda) e Aristóteles (à direita). À esquerda encontram-se os filósofos que tendem a valorizar mais o mundo das ideias (como Platão); à direita estão aqueles que tendem a dar mais valor ao mundo dos sentidos (como Aristóteles). O afresco testemunha a importância da filosofia grega para os renascentistas.

A Última Ceia (1495-98)

Leonardo da Vinci (1452-1519), afresco, convento de Santa Maria delle Grazie, Milão, Itália

O afresco de Leonardo da Vinci utiliza a perspectiva para retratar a cena da Última Ceia, dando assim a visão de um espaço infinito. Nesta pintura encontramos claramente um ponto de fuga; todas as linhas que partem dos apostólos convergem para Jesus. O teto é quadriculado, artifício muito usado na época para dar noção de profundidade à cena retratada.

O Juízo Final (1536-41)
Michelangelo Buonarroti (1475-1564), afresco, capela Sistina, Vaticano, Roma, Itália

Ao pintar o teto da capela Sistina, na parte relativa ao Juízo Final, Michelangelo inspirou-se de certa forma no heliocentrismo. Cristo está associado ao Sol e é colocado no centro do Universo, com todas as outras figuras como que girando a seu redor.

BIBLIOGRAFIA

ALBUQUERQUE, Luís de. *Curso de história da náutica*. Coimbra: Almedina, 1972.

ALFONSO-GOLDFARB, Ana Maria. *Da alquimia à química*. São Paulo: Landy, 2001.

BACON, Francis. *Novum Organum* ou *Verdadeiras indicações acerca da interpretação da natureza*. São Paulo: Abril Cultural (col. Os Pensadores), 1973.

____. *Nova Atlântida*. São Paulo: Abril Cultural (col. Os Pensadores), 1973.

BERNAL, John. *La proyeccion del hombre. Historia de la fisica clásica*. Madri: Siglo Veiteuno, 1975.

BURTT, Edwin A. *As bases metafísicas da ciência moderna*. Brasília: Editora da UNB, 1983.

BUTTERFIELD, Herbert. *As origens da ciência moderna*. Lisboa: Edições 70, 1992.

CASINI, Paolo. *Newton e a consciência europeia*. São Paulo: Unesp, 1995.

COHEN, I. Bernard. *Revolution en la ciencia*. Barcelona: Gedisa Editorial, 1989.

COHEN, Bernard e Richard S. Westfall (org.). *Newton: textos, antecedentes, comentários*. Rio de Janeiro: Uerj/Contraponto, 2002.

DAUMAS, Maurice. *Histoire générale des techniques*. Paris: Quadridge/Presses Universitaires de France, 1968.

EDGERTON JR, Samuel Y. *The Heritage of Giotto's Geometry: Art and Science on the Ere of the Cientific Revolution.* Ithaca/Londres: Cornell University Press, 1993.

ÉVORA, Fátima R.R. *A revolução copernicana-galileana.* 2 vol. Campinas: Unicamp, Centro de Lógica, Epistemologia e História da Ciência, 1988.

FERRIS, Timothy. *O despertar na Via Láctea: uma história da astronomia.* Rio de Janeiro: Campus, 1990.

FUCKS, Saul (org.). *Descartes 400 anos, um legado científico.* Rio de Janeiro: Relume-Dumará, 1998.

GALILEI, Galileu. *O ensaiador.* São Paulo: Abril Cultural (col. Os Pensadores), 1973.

____. *Duas novas ciências.* São Paulo: Nova Stella, s.d.

____. *Diálogo sobre os dois máximos sistemas do mundo ptolomaico e copernicano.* São Paulo: Discurso Editorial, 2001.

GARCIA, Elena Moraes. *Teoria e experiência no dialogo sopra i* Due massimi sistemi del mondo *de Galileu Galilei.* Rio de Janeiro: UFRJ, 1987.

GAUKROGER, Stephen. *Descartes, uma biografia intelectual.* Rio de Janeiro: Uerj/Contraponto, 1999.

GEYMONAT, Ludovico. *Galileu Galilei.* Rio de Janeiro: Nova Fronteira, 1997.

GILBERT, Amando. *Origens históricas da física moderna.* Lisboa: Fundação Calouste Gulbenkian, 1982.

HENRY, John. *Knowledge is Power.* Cambridge: Icon Books/Totem Books USA, 2002.

____. *A revolução científica.* Rio de Janeiro: Zahar, 1998.

JAPIASSU, Hilton e Danilo Marcondes. *Dicionário básico de filosofia.* Rio de Janeiro: Zahar, 1996.

KOYRÉ, Alexandre. *Do mundo fechado ao Universo infinito.* São Paulo: Edusp, 1979.

____. *Estudos galilaicos.* Lisboa: Dom Quixote, 1986.

LEIBNIZ, Gottfried Wilhelm. *Correspondência com Clarke.* São Paulo: Abril Cultural (col. Os Pensadores), 1974.

Martins, Lilian A.C.P. "Aristóteles e a geração espontânea". *Cadernos de história e filosofia da ciência*, série 2, v.2, n.2, p.213-37, jul-dez, 1990.

Mourão, Ronaldo Rogério de Freitas. *Dicionário enciclopédico de astronomia e astronáutica*. Rio de Janeiro: Nova Fronteira, 1987.

Newton, Isaac. *Principia*. Vol.1 e 2. Berkeley/Los Angeles: University of California Press, 1962.

____. *Óptica*. São Paulo: Edusp, 1996.

Oliveira, Bernardo Jefferson. *Francis Bacon e a fundamentação da ciência como tecnologia*. Belo Horizonte: UFMG, 2002.

Ortega y Gasset, José. *Em torno a Galileu*. Petrópolis: Vozes, 1989.

Pang, Alex Soojung-Kim. *Visual Representation and Post-Construtivist History of Science*. Aspang@jps.net.

Redondi, Pietro. *Galileu herético*. São Paulo: Companhia das Letras, 1991.

Rossi, Paolo. *O nascimento da ciência moderna na Europa*. Bauru: Edusc, 2001.

____. *A ciência e a filosofia dos modernos*. São Paulo: Unesp, 1992.

Serres, Michel (org.). *Elementos para uma história das ciências*. Lisboa: Terramar, 1996.

Shrimplin, Valerie. *Michelangelo and Copernicus: a Note on the Sistine "Last Judgment"*. Missouri: Truman State University Press, *Journal History of Astronomy*, XXXI, 2000.

Taton, René. *L'Histoire général des sciences*. Paris: Quadrige/PUF, 1957.

Thayer, S. (org.). *Newton's Philosophy of Nature: Selections from his Writings*. Nova Cork: Hafness Press, 1974.

Verdet, Jean-Pierre. *Uma história da astronomia*. Rio de Janeiro: Zahar, 1991.

Webster, Charles. *De Paracelso a Newton, la magia en la creación de la ciencia moderna*. México: Fondo de Cultura Económica, 1993.

Westfall, Richard S. *A vida de Isaac Newton*. Rio de Janeiro: Nova Fronteira, 1995.

BREVE HISTÓRIA DA CIÊNCIA MODERNA

EM 4 VOLUMES

✧ ✧ ✧

VOLUME 1

Convergência de Saberes

(Idade Média)

VOLUME 2

Das Máquinas do Mundo ao Universo-Máquina

(séculos XV a XVII)

VOLUME 3

Das Luzes ao Sonho do Doutor Frankenstein

(século XVIII)

VOLUME 4

A Belle-Époque da Ciência

(século XIX)